Schriftenreihe Ingenieurfortbildung
Herausgegeben von
Professor Dipl.-Ing. Georg von Hanffstengel, Berlin
Zweites Heft

Deutsche Austausch-Werkstoffe

Von

Dipl.-Ing. H. Bürgel VDI, VAM
Professor an der Staatlichen Akademie für Technik Chemnitz

Mit 84 Abbildungen und 23 Zahlentafeln

Berlin
Verlag von Julius Springer
1937

ISBN-13:978-3-642-89031-4 e-ISBN-13:978-3-642-90887-3
DOI: 10.1007/978-3-642-90887-3

Vorwort und Einführung.

Das vorliegende Buch „Deutsche Austausch-Werkstoffe“ erscheint im Rahmen der Buchreihe „Ingenieurfortbildung“. Es soll wie die übrigen Bücher dieser Schriftenreihe der Weiterbildung der im Beruf stehenden Ingenieure dienen und sie über die Fortschritte auf den Gebieten der ausführenden Technik und der technisch-wissenschaftlichen Forschung auf dem laufenden halten.

Zu den wichtigsten Fragen und Aufgaben der deutschen Technik gehört die Bereitstellung und Beschaffung der lebensnotwendigen Rohstoffe und Werkstoffe. Denn Deutschland besitzt — außer für die Magnesiumdarstellung — nicht soviel Rohstoffe, um seinen Metallverbrauch voll decken zu können. Die Deckungsmöglichkeit beträgt bei Eisen rd. 30%, bei den Nichteisenmetallen insgesamt 40%, bei Aluminium 0%, bei Magnesium 100%. Die an und für sich sehr knappe Rohstoffdecke Deutschlands ist durch die Bestimmungen des Versailler Vertrages noch ganz empfindlich verringert worden: an Steinkohlen um rd. 50%, an Eisenerzen um rd. 72%, an Bleierzen um rd. 15%, an Zinkerzen um rd. 80%, an Erdöl um rd. 40%. Wenn auch durch sparsamste Bewirtschaftung der vorhandenen deutschen Rohstoffvorräte, durch Verbesserung der Gewinnungsverfahren möglichst unter Vermeidung von Rohstoffverlusten, durch Einführung neuartiger Berechnungs- und Fertigungsverfahren und durch planmäßige Veredelung und Hochzüchtung der bisher benutzten Werkstoffe unter weitgehendster Vermeidung und Einsparung devisenpflichtiger Auslandstoffe schon sehr viel erreicht worden ist, so sind doch alle diese Maßnahmen nur bis zu einem gewissen Grade möglich. Denn ein Übermaß bzw. eine Überspannung würde zwangläufig zu einer Güteminderung der deutschen Maschinen und damit zu einer Schädigung des Ansehens der deutschen Technik führen.

Der richtigste und am meisten Erfolg versprechende Weg ist der, neue deutsche Werkstoffe zu schaffen und anzuwenden; neue deutsche Werkstoffe, die jederzeit aus deutschen Rohstoffen in genügender Menge und durchaus befriedigender, zuverlässiger Güte hergestellt werden können. Diese müssen mindestens ebenso gut, wenn nicht besser sein, als die bisher benutzten, so daß bei ihrer Verwendung keine Güteminderung, sondern eher eine Gütesteigerung eintritt und sie ohne weiteres als vollwertige Austauschwerkstoffe benutzt werden können. Über diese aus deutschen Rohstoffen herzustellenden Austauschwerkstoffe soll das Buch unterrichten und dem im Beruf stehenden Ingenieur ein Wegweiser sein bei ihrer Anwendung und Verarbeitung. Mit Rücksicht auf die Belange der Praxis ist die chemische Technologie der neuen Werkstoffe nur soweit behandelt, als unbedingt notwendig erschien. Das beigefügte Quellenverzeichnis ermöglicht das Selbst-Nachlesen der wichtigsten theoretischen Arbeiten.

Der Verfasser darf allen Firmen, die ihn freundlicherweise durch Überlassung von Unterlagen unterstützt haben, und der Verlagsbuchhandlung Julius Springer für die viele Mühe und sorgfältige Ausgestaltung des Buches seinen verbindlichsten Dank aussprechen.

Möge dieses Buch dem deutschen Ingenieur Führer und Berater in Werkstofffragen sein und ihn befähigen, an seinem Teil an den großen Aufgaben der deutschen Technik im Dritten Reich mitzuarbeiten und zum Gelingen des Vierjahresplans beitragen.

Berlin / Chemnitz, April 1937.

Der Herausgeber: **G. v. Hanffstengel.**

Der Verfasser: Prof. Dipl.-Ing. **H. Bürgel.**

Inhaltsverzeichnis.

A. Schwermetall-Legierungen.

Der ausgesprochene Mangel Deutschlands an lebenswichtigen Schwermetallen hat auf Grund eingehender wissenschaftlicher Forschung in engster Verbindung mit der Praxis eine Reihe von nach neuen Grundsätzen aufgebauten Schwermetall-Legierungen geschaffen. Alle diese Legierungen sind aufgebaut unter sparsamster Verwendung devisenpflichtiger Legierungsbestandteile bzw. gänzlicher Ausschaltung derselben. Es ist der deutschen Wissenschaft und Praxis gelungen, damit ganz neuartige Werkstoffe von sehr hoher Güte zu schaffen.

1. Eisenlegierungen.

a) Stähle.

Seit mehreren Jahren werden besonders rein und sorgfältig erschmolzene unlegierte oder schwachlegierte Bau- und Konstruktionsstähle hergestellt, z. B. das Sonderflußeisen I-Zett, die Reduktionsstähle, die gekupferten Baustähle, die Leichtstähle, der Baustahl 48 und 52, die Siliziumbaustähle, die Silizium-Manganbaustähle, die Molybdän-Kupferbaustähle u. a. Sie ermöglichen, Werkstücke von mindestens gleicher Güte herzustellen, wie es früher nur unter Verwendung von höher legierten Stählen möglich war. Neuartige Einsatzstähle mit höheren Kohlenstoffgehalten, als DIN 1661 entspricht, wurden geschaffen, die geschwefelten Einsatzstähle weiter entwickelt. Die letzteren vereinigen mit sehr guten Festigkeitseigenschaften und einfachem Einsatzhärtevorgang sehr günstige spanende Bearbeitung auf Automaten. Weiter wurde eine Reihe neuartiger Vergütungsstähle entwickelt auf der Grundlage von Mangan, Vanadium und Silizium. Neugeschaffen wurden weiter die Chromstähle und die Chrom-Molybdänstähle nach DIN-Vornorm 1663. Diese sind als durchaus vollwertiger Ersatz der bisher benutzten Chrom-Nickeleinsatz- und -vergütungsstähle anzusehen. Die anfänglich vorhandenen Schwierigkeiten bei der Einsatzhärtung und -vergütung können als behoben betrachtet werden. Die Werkzeugstähle wurden auf der Grundlage Mangan–Vanadium–Silizium weiter entwickelt unter Einsparung bzw. gänzlicher Vermeidung von Chrom und Wolfram. Die Berylliumstähle sind gebrauchsfertig entwickelt. Neuartige Abbrenn-Stumpfschweißungen erlauben Hochleistungswerkzeuge herzustellen, bei denen der hochwertige und hochlegierte Werkzeugstahl sparsamst verwendet wird. Die Autogenhärtung gestattet Werkstücke aus unlegiertem Stahl einwandfrei mit höchster Verschleißhärte herzustellen. Neuartige Härtemethoden, z. B. die Termalhärtung, vermindern den Härteausschuß; neue Einsatz- und Vergütungsverfahren erhöhen die Oberflächengüte unter gleichzeitiger Verminderung des Ausschusses, der Härtezeit und des Brennstoffaufwandes.

b) Stahlguß.

Der Stahlguß oder Stahlformguß konnte durch Verbesserung und sorgfältigste Durchführung der metallurgischen Verfahren in seiner Güte erheblich gesteigert werden, so daß bei sorgfältigster Glüh- und Vergütebehandlung seine Eigenschaften denen des schwach- und hochlegierten Stahlgusses in keiner Weise nachstehen. Die Korrosionsbeständigkeit konnte wie bei Stahl durch Kupferzusatz erhöht werden, seine Laugenbeständigkeit und Säurebeständigkeit durch Siliziumzusatz. Auch hier ist durch die Autogenhärtung eine Erweiterung des Anwendungsbereiches geschaffen.

c) Gußeisen.

Die seit langen Jahren im Gange befindlichen und von Erfolg gekrönten Bestrebungen, das Gußeisen zu einem hochwertigen Werkstoff umzugestalten, haben über die verschiedenen Perlitgußsorten zum schwach- und mittellegierten Gußeisen geführt. Kupfer und Nickel, etwa im Verhältnis wie beim Monelmetall dem Gußeisen zugesetzt, in Einzelfällen noch mit Chromzusatz, geben dem Gußeisen neben ganz hervorragender Festigkeit gute Korrosionsbeständigkeit und große Oberflächenhärte. Diese so aufgebauten Gußeisensorten — Monelgußeisen — werden unter einem Druck bis zu 7 at in gekühlte Kokillen vergossen und ergeben z. B. Nockenwellen für Automobilmotore, deren Lebensdauer den aus Chromnickelstahl hergestellten überlegen ist. Nichtmagnetische Gußeisensorten wurden auf der Grundlage des austenitischen Nickelgußeisens entwickelt, solche von sehr hoher Verschleißfestigkeit auf der Grundlage von Chrom und Mangan. Mit etwa 2—3% Ni und bis 1% Cr legierte Gußeisensorten können auf 300 Brinelleinheiten vergütet und für Ziehgesenke an Stelle von legierten Stählen benutzt werden. Das unlegierte Gußeisen läßt sich durch Nachbehandlung im elektrischen Lichtbogenofen nachfeinen, so daß auch bei geringwertigem Einsatz im Schachtofen ein hochwertiger Werkstoff gewonnen wird.

d) Schmiedbarer Guß.

Die Metallurgie des schmiedbaren Gusses wurde gründlichst erforscht. Die darauf sich stützenden Ergebnisse führten zu einem hochwertigen weißen bzw. schwarzen unlegierten Temperguß, dessen Güteeigenschaften rd. 50% höher liegen als nach DIN 1692. Damit wurden neuartige Werkstoffe geschaffen, die bei richtiger Gestaltungstechnik sehr verwickelte Werkstücke herzustellen erlauben, die an Stelle von Stahlguß und Nichteisenmetallguß verwendet werden können. Die Bearbeitbarkeit ist in allen Fällen gut. Schwach- und mittellegierter Temperguß ergibt nach der Vergütung sehr gute Festigkeitswerte, so daß bei seiner Verwendung geringe Gewichte möglich sind und er in vielen Fällen für Leichtmetallguß eintreten kann. Es wäre zu wünschen, daß viel mehr als bisher — wie es z. B. in Amerika schon seit längerer Zeit geschieht — der Temperguß als Werkstoff benutzt wird. Die Umstellnormen weisen ausdrücklich auf Temperguß als Austauschwerkstoff hin.

2. Nichteisenmetall-Legierungen.

a) Sparbronzen.

Die sehr geringen Kupfer- und Zinnvorräte Deutschlands haben seit längerer Zeit die Entstehung der Sparlegierungen begünstigt. Darunter können alle Legierungen zusammengefaßt werden, bei denen unter weitgehendster Einsparung von Kupfer und Zinn neuartige Werkstoffe geschaffen wurden. Diese spielen besonders als Lagerausgußstoffe eine große Rolle. So wurden die Aluminiumbronzen nach DIN 1714 geschaffen, die Bleibronzen, die Sparbronzen, die neuen Rotgußsorten u. a. Neben der Legierungstechnik, deren Hauptziel die Erzeugung neuer Werkstoffe unter Einsparung von Kupfer und Zinn und ihr Ersatz durch Aluminium, Magnesium, Mangan, Silizium und Blei ohne Güteminderung war, ist die Gießtechnik durch den Schleuderguß, Spritzguß und Preßguß mit bestem Erfolg an der Einsparung beteiligt. Sie ermöglicht außerordentlich geringe Lagerausgußstärken ohne Verminderung der Lebensdauer. Es sei hier auf die Arbeiten des Fachausschusses für Lagerwerkstoffe beim VDI und auf die Arbeiten der Reichsbahn hingewiesen. In letzter Zeit ist es gelungen, Aluminium-Legierungen — die Quarzale — zu entwickeln, deren Laufeigenschaften denen bester Bronze nicht nachstehen. Hingewiesen sei auch auf die aus Phenol-Kunstharz hergestellten Lager, die seit etwa zwei Jahren sich mehr und mehr durchsetzen.

b) Zinklegierungen.

Die anfänglich bei Zinklegierungen, vor allem bei Zinkspritzguß, bestehenden Schwierigkeiten — geringe Alterungsbeständigkeit, geringe Volumenbeständigkeit — sind behoben worden, nachdem als ihre Ursache die Verwendung unreiner Legierungsbestandteile erkannt war. Unter Verwendung hochreinen Elektrolytzinks konnten die in DIN 1743 festgelegten Zinkspritzguß-Legierungen entwickelt werden, die unter sparsamstem Kupferaufwand ganz hervorragende Festigkeits- und chemische Eigenschaften haben. Bei richtiger Gestaltung gestatten sie auch sehr verwickelte Gußstücke bei geringstem Gewicht herzustellen, so daß sie in vielen Fällen mit Leichtmetall-Spritzguß in Wettbewerb treten können. Für ihre Verwendung spricht noch der Umstand, daß durch tatkräftige Maßnahmen die

Eigenzinkerzeugung Deutschlands so gesteigert werden konnte, daß 1936 bereits der Eigenbedarf zu 80% gedeckt werden konnte. Neben den günstigen Festigkeitseigenschaften sind noch besonders bemerkenswert: gute chemische Beständigkeit, bequeme Bearbeitbarkeit, bequeme Behandlung der Oberfläche durch Einfärben und geringer Preis.

3. Anwendungsgebiete der neueren Schwermetall-Legierungen.

In ganz großen Zügen wurde auf die Entwicklung der Schwermetall-Legierungen hingewiesen. Sie ist ein schlagender Beweis für die Notwendigkeit der Zusammenarbeit zwischen Wissenschaft und Praxis und für den Erfolg gründlicher deutscher Geistes- und Handarbeit. Parallel dazu gehen nun die Bestrebungen, die deutschen Rohstoffvorräte besser als bisher auszunützen und bisher als nicht ausnutzbar angesehene Vorräte zur Werkstoffherstellung heranzuziehen. Um die neuen Werkstoffe der Praxis nahezubringen, sind die Umstellnormen geschaffen worden. Diese geben Richtlinien und Hinweise für die Verwertung der Werkstoffe im Austausch für bisher benutzte devisenpflichtige Auslandswerkstoffe. So werden dem unlegierten Stahl als Austauschwerkstoff für legierte Stähle, dem Temperguß als Austauschwerkstoff für Kupfer-Legierungen, den Sparbronzen als Austauschwerkstoff für echte Bronzen und Weißmetall, dem unlegierten Gußeisen als Austauschwerkstoff für Kupfer-Legierungen in diesen Umstellnormen die Anwendungsgebiete zugewiesen.

B. Leichtmetalle und Leichtmetall-Legierungen.

I. Aluminium und Aluminium-Legierungen.

1. Darstellung und Eigenschaften des Aluminiums.

Die Gewinnung des Aluminiums aus den aluminiumhaltigen Mineralien ist infolge der sehr hochliegenden Reduktionstemperatur der Tonerde (Al_2O_3) und der sehr hohen Oxydationsfähigkeit des metallischen Aluminiums nur auf elektrochemischem Wege möglich.

Die wichtigsten Rohstoffe für die Gewinnung des Aluminiums sind Bauxit und Laterit. In der für die Tonerdegewinnung vorwiegend benutzten Sorte enthalten sie: 55—65% Al_2O_3, $\leq 24\%$ Fe_2O_3, 12—30% Wasser, $\leq 4\%$ SiO_2. Die Hauptfundorte sind: Beaux in Südfrankreich, Dalmatien, Istrien, Ungarn, Rußland, Britisch-Indien, Arkansas, Britisch- und Niederländisch-Guyana und Korea. Das für Deutschland hauptsächlich als Rohstoffland in Frage kommende Land ist Ungarn. Obwohl auch andere tonerdehaltige Mineralien, z.B. Kaolin, Leucit und Labradorit zur Aluminiumgewinnung herangezogen werden könnten, kommen sie wegen der Schwierigkeiten der Aufbereitung und des Aufschlusses zur Zeit noch nicht in Frage.

Die Gewinnung des Aluminiums verläuft in drei Stufen:

1. Gewinnung der chemisch reinen Tonerde aus dem Bauxit.

Abb. 1. Tonerdegewinnung.

A. Löwigh-Verfahren.

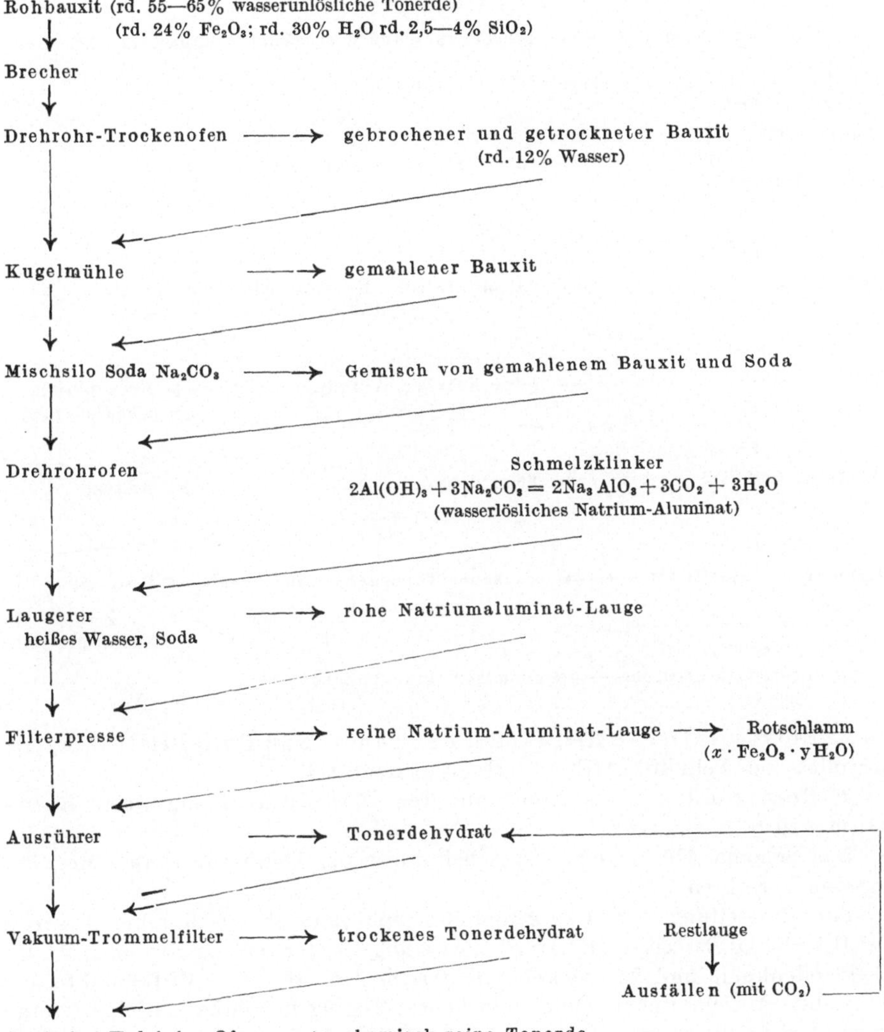

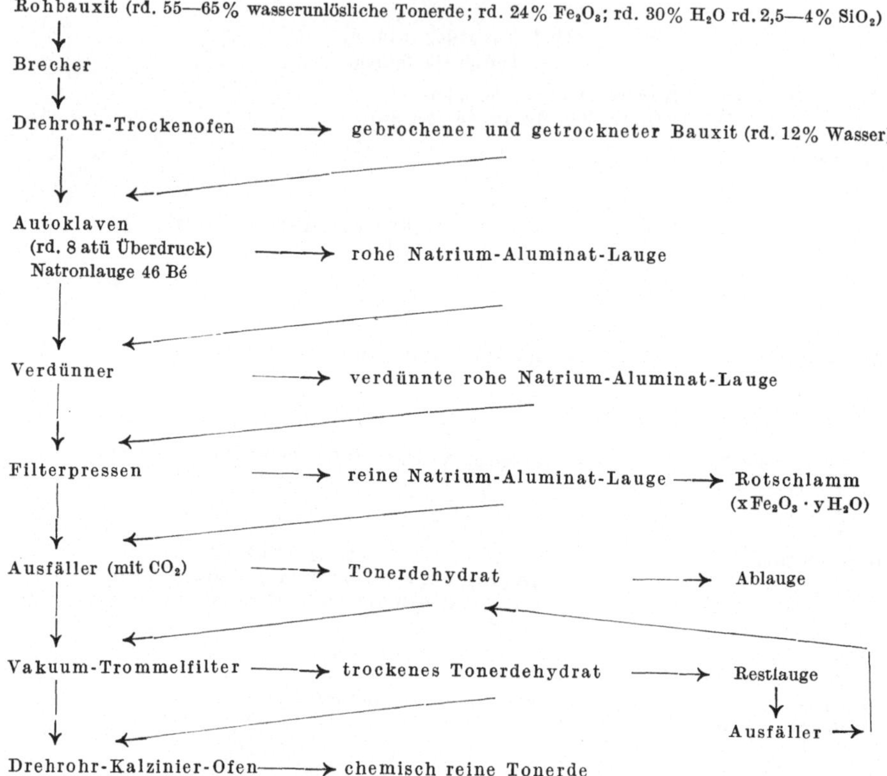

2. Elektrolytische Reduktion der Tonerde zu Rohaluminium, mit Kryolith oder Schiolith $AlF_3 \cdot 3\,NaF$ als Hilfsmittel.

3. Reinigendes Umschmelzen des Rohaluminiums zum Reinaluminium.

Das Schema Abb. 1 zeigt die Arbeitsweise der heute zur Darstellung benutzten Verfahren.

Zur Herstellung von 1 kg Aluminium sind 2 kg chemisch reine Tonerde (Al_2O_3) = 4 kg Bauxit oder Laterit notwendig; ferner 0,07 kg Kryolith, 0,7 kg Elektrodenkohle und 25—29 kWh elektrische Energie. Die Mittelpunkte der deutschen Aluminiumerzeugung sind heute: Töging in Südbayern, das Lautawerk in der Lausitz und das Erftwerk bei Grevenbroich. An allen drei Stellen steht elektrische Energie, aus Wasserkraft oder Braunkohlen erzeugt, billig zur Verfügung.

Die wichtigsten Daten des Aluminiums zeigt Zahlentafel 1. Der oft erhobene Vorwurf, daß Aluminium wegen der vollständigen Abhängigkeit der Rohstoffanfuhr aus dem Ausland kein deutscher Werkstoff sei, ist gegenstandslos. Denn einmal ist es vorwiegend deutscher Geistes- und Handarbeit zu danken, daß die Aluminiumerzeugung heute auf einer derartig hohen Stufe steht; zweitens wer-

Zahlentafel 1. Aluminium.

Vorkommen total in der Erdrinde . .	7,7%
Chemisches Symbol	Al
Atomgewicht	26,97
Spezifisches Gewicht	2,699—2,703
Schmelzpunkt.	658,7—659,8°
Siedepunkt	2270°
Schmelzwärme	92,4 cal/g
Schwindmaß	1,7—1,8%
Elastizitätsmodul	7000 kg/mm²
Gleitmodul	2700 kg/mm²
Zugfestigkeit	9—12; 15—23 kg/mm²
Bruchdehnung	18—25; 2—8 %
Brinellhärte	24—32; 35—40 kg/mm²
Leitfähigkeit bei 20° $\frac{\text{m}}{\text{Ohm mm}^2}$	37,5

Verwendungszwecke: rd. 12% für Folien und Tuben,
,, 60% für Aluminium-Legierungen,
,, 10% für die Elektrotechnik,
,, 10% für Apparate usw.,
,, 7% für Haushalts- usw. -geräte,
,, 3% für Farben, Desoxydation, Thermitschweißung u. a.

Normen:

DIN 1712: Reinaluminium.
DIN 1713: Aluminium-Legierungen.
DIN 1714: Aluminiumbronze.
DIN 1744: Spritzgußlegierungen.
DIN 1753: Aluminiumbleche.
DIN 1769: Flachaluminium, gezogen.
DIN 1770: Flachaluminium, gepreßt.
DIN 1771: Winkelaluminium.
DIN E 1788: Aluminiumblech, Aluminiumband, Aluminiumstreifen bis 5 mm Dicke, kaltgewalzt.
DIN E 1794: Rohre aus Aluminium, nahtlos gezogen.
DIN E 1795: Rohre aus Aluminium-Legierungen; nahtlos gezogen.
DIN E 1796: Vierkantstangen aus Aluminium und Aluminium-Legierungen, gezogen mit scharfen Kanten.
DIN E 1797: Sechskantstangen aus Aluminium und Aluminium-Legierungen, gezogen mit scharfen Kanten.
DIN E 1798: Rundstangen aus Aluminium und Aluminium-Legierungen, gezogen.
DIN E 1799: Rundstangen aus Aluminium und Aluminium-Legierungen, gepreßt.

den durch die sehr beträchtliche Ausfuhr an Aluminium und an Aluminiumerzeugnissen aller Art nach dem Ausland ungefähr dreimal soviel Devisen eingenommen als die Bauxiteinfuhr erfordert, und drittens können infolge der Preisspanne von rd. 1360 RM zwischen dem Wert des Bauxites und dem Verkaufswert je Tonne Aluminium ab Aluminiumhütte viele Zehntausende deutscher Volksgenossen in Lohn und Brot gehalten werden.

Abb. 2. Reinaluminium DIN 1712

Werkstoffe. Bezeichnung von Reinaluminium mit 99% Aluminium. Al 99 DIN 1712. Kurzzeichen einschlagen oder eingießen

Benennung	Kurzzeichen	Zulässige Verunreinigungen
Reinaluminium 99,5	Al 99,5	Fe + Si + Cu + Zn $\leqq$ 0,5%, davon Cu + Zn < 0,05%, sonstige Verunreinigungen nur in handelsüblichen Grenzen
Reinaluminium 99	Al 99	Gesamtverunreinigung $\leqq$ 1%, Cu + Zn < 0,10%, sonstige Verunreinigungen außer Fe und Si nur in handelsüblichen Grenzen
Reinaluminium 98/99	Al 98/99	Gesamtverunreinigung $\leqq$ 2%, davon Fe < 1% und Cu + Zn < 0,10%, weitere Verunreinigungen außer Si nur in handelsüblichen Grenzen

Als Reinaluminium gilt das den oben angegebenen Reinheitsbedingungen entsprechende Original-Hüttenaluminium, d. h. ein aus den Rohstoffen hüttenmännisch erzeugtes Aluminium, das nur auf der erzeugenden Hütte in handelsübliche Formen gegossen wurde und den Stempel der Hütte trägt, sowie jedes andere Reinaluminium, das den oben angegebenen Bedingungen entspricht.

Juli 1925. Fachnormenausschuß für Nichteisen-Metalle.

Wiedergabe mit Genehmigung des Deutschen Normenausschusses. Verbindlich ist jeweils die neueste Ausgabe des Normblattes im Normformat A 4, das beim Beuth-Verlag, Berlin SW 19, erhältlich ist.

Hervorzuheben ist, daß die Verfahren, aus deutschen Tonen, die in genügender Menge vorhanden sind, Aluminium in einwandfreier Güte zu erzeugen, durchaus betriebsfertig ausgearbeitet und entwickelt sind.

Aluminium ist durch DIN 1712 genormt (Abb. 2). Außer den drei in der Norm festgelegten Sorten werden neuerdings hochreine Aluminiumsorten mit 99,6—99,9% Aluminium vor allem für die Zwecke der chemischen Industrie hergestellt.

2. Die Aluminium-Legierungen und ihre Eigenschaften.

Die auf der Grundlage Aluminium hergestellten Legierungen sind durch die Normblätter DIN 1713 (Zahlentafel 2) und DIN 1744 festgelegt (s. Spritzguß). Sie enthalten die wichtigsten mechanisch-technologischen Zahlen, die übliche Legierungszusammensetzung und Vorschläge für die Anwendung. DIN 1713 ist

(Fortsetzung s. S. 11 unten.)

Zahlentafel 2.

Aluminiumlegierungen Einteilung Werkstoffe	DIN 1713

Das Blatt gibt eine Übersicht über die marktgängigen Legierungen, geordnet nach Legierungsgattungen, sowie über kennzeichnende Eigenschaften, ungefähre Zusammensetzung und Leistungszahlen dieser Gattungen.

Bezeichnung eines Bleches von 0,5 mm Dicke, 1000 mm Breite und 2000 mm Länge aus Aluminium-Knetlegierung, Gattung Al—Cu—Mg, Mindestfestigkeit = 46 kg/mm², ausgehärtet (vergütet):

Blech 0,5×1000×2000 Al—Cu—Mg F 46 ausgehärtet.

Zu beachten ist, daß es innerhalb einer Legierungsgattung Legierungen etwa gleicher Festigkeit gibt, die in andern kennzeichnenden Eigenschaften verschieden sein können. Wird daher eine bestimmte Legierung innerhalb der Gattung verlangt, so ist sie in Klammern anzugeben, z. B. (Duralumin 681 B). Bei Bestellung sind über Wahl und Prüfung der zu liefernden Legierung zweckmäßig besondere Vereinbarungen mit dem betreffenden Metallwerk zu treffen.

Die Reihenfolge der unter den Zahlentafeln angegebenen Legierungen entspricht der geschichtlichen Entwicklung. Hiermit ist keine Wertung verbunden. Außer diesen zur Kennzeichnung der Gattungen aufgeführten Legierungen bestehen andere, die der gebotenen Übersichtlichkeit wegen nicht aufgenommen werden konnten.

A Aluminium-Knetlegierungen

1. Gattung Al-Cu-Mg: Aluminium-Knetlegierungen mit Kupfer- und geringem Magnesiumgehalt

Kennzeichnende Eigenschaften: Aushärtbarkeit[3] (Vergütbarkeit), hohe Festigkeit, spez. Gewicht 2,8

Benennung	Kurzzeichen	Ungefähre Zusammensetzung %	Zustand	Zugfestigkeit σ_B kg/mm²	Bruchdehnung[1] δ_{10} %	Brinellhärte H[2] (P = 10 D²) kg/mm²	Richtlinien für die Verwendung
Aluminium-Knetlegierungen, Gattung Al-Cu-Mg	Al-Cu-Mg	3,5 bis 5,5 Cu 0,2 bis 2 Mg 0,2 bis 1,5 Si 0,1 bis 1,5 Mn Rest Al	weich	16 bis 22	25 bis 15	40 bis 60	Mechanisch sehr hochbeanspruchte Teile
			ausgehärtet und gegebenenf. nachgerichtet[4 5 6]	34 bis 52	24 bis 8	90 bis 140	
			ausgehärtet und kalt verfestigt[5]	42 bis 58	15 bis 5	120 bis 150	

Zu dieser Gattung gehören: Duralumin, Aludur, Avional, Bondur, Ulminium, Heddur, Igedur, Silal. Die gleichfalls hierher gehörenden Werkstoffe wie Duralplat, Bondurplat, Albondur bestehen aus den angegebenen Legierungen als Kernwerkstoffen und sind mit einer kupferfreien, aushärtbaren Aluminiumlegierung bzw. mit Reinaluminium 99,5 plattiert. Diese Werkstoffe sind gut korrosionsbeständig.

Fußnoten 1—6 siehe nächste Seite.

2. Gattung Al-Cu-Ni: Aluminium-Knetlegierungen mit Kupfer- und Nickel- und geringem Magnesiumgehalt

Kennzeichnende Eigenschaften: Aushärtbarkeit[3] (Vergütbarkeit), Warmfestigkeit, spez. Gewicht 2,8

Benennung	Kurzzeichen	Ungefähre Zusammensetzung %	Zustand	Zugfestigkeit σ_B kg/mm²	Bruchdehnung[1] δ_{01} %	Brinellhärte H[2] (P = 10 D²) kg/mm²	Richtlinien für die Verwendung
Aluminium-Knetlegierungen, Gattung Al-Cu-Ni	**Al-Cu-Ni**	3,8 bis 4,2 Cu 1,8 bis 2,2 Ni 1,3 bis 1,6 Mg Rest Al	weich	16 bis 22	25 bis 15	40 bis 60	Vorzugsweise hochbeanspruchte, warmfeste Schmiedestücke (200 bis 300°)
			ausgehärtet[5]	33 bis 42	20 bis 8	100 bis 120	

Zu dieser Gattung gehören: Duralumin W und die Legierung Y.

3. Gattung Al-Cu: Aluminium-Knetlegierungen mit Kupfergehalt ohne Magnesium

Kennzeichnende Eigenschaften: Aushärtbarkeit[3] (Vergütbarkeit), ohne Festigkeit, spez. Gewicht 2,8

Benennung	Kurzzeichen	Ungefähre Zusammensetzung %	Zustand	Zugfestigkeit σ_B kg/mm²	Bruchdehnung[1] δ^{10} %	Brinellhärte H[2] (P = 10 D²) kg/mm²	Richtlinien für die Verwendung
Aluminium-Knetlegierungen, Gattung Al-Cu	**Al-Cu**	4,5 bis 6 Cu 0,4 bis 0,6 Mn 0,2 bis 0,5 Si Rest Al	weich	16 bis 22	25 bis 15	50 bis 60	Mechanisch hochbeanspruchte Teile
			abgeschreckt und gegebenenf. nachgerichtet	30 bis 36	25 bis 15	70 bis 90	
			ausgehärtet und gegebenenf. nachgerichtet[4 5 6]	34 bis 42	20 bis 8	100 bis 120	
			ausgehärtet und kalt verfestigt[5]	42 bis 50	10 bis 2	120 bis 140	

Zu dieser Gattung gehören: Lautal, NS, RS, Qualität 55, ferner der Werkstoff Allautal, mit Reinaluminium plattiert und mit entsprechender Korrosionsbeständigkeit.

---

[1] Der Übersichtlichkeit halber werden einheitlich die höheren Dehnungswerte zuerst angegeben.

[2] Beim Zustand „weich" kann die Wahl einer kleineren Belastungsstufe zweckmäßig sein. Näheres siehe DIN 1605.

[3] Die Bezeichnung „Aushärtbarkeit" tritt an die Stelle der bisher vielfach benutzten Bezeichnungen „Vergütbarkeit" und „Veredelbarkeit" im Sinne der Ausführungen in Z. Metallkde. Bd. 23 (1931) S. 35. Die Aushärtung umfaßt das Abschrecken und das anschließende Altern (vgl. Werkstoffhandbuch Nichteisenmetalle Blatt H 1).

[4] Durch Nachrichten steigen Streckgrenze und Zugfestigkeit, während die Bruchdehnung gegenüber dem ausgehärteten Zustand sinkt. Durch erneutes Aushärten gehen diese Auswirkungen wieder verloren.

[5] Die Zahlenwerte gelten nur für Werkstoff, der vor dem Aushärten genügend durchgeknetet wurde. Sie gelten nicht für große Schmiedestücke, bei denen diese Voraussetzung nicht erfüllt ist.

[6] Schmiedestücke nur ausgehärtet.

 Fortsetzung S. 11

4. Gattung Al-Mg-Si: Aluminium-Knetlegierungen mit geringem Magnesium- und Siliziumgehalt ohne Kupfer

Kennzeichnende Eigenschaften: Aushärtbarkeit[3] (Vergütbarkeit), mittlere Festigkeit bei guter Verformbarkeit, gute Polierbarkeit, gute Korrosionsbeständigkeit, spez. Gewicht 2,7

Benennung	Kurzzeichen	Ungefähre Zusammensetzung %	Zustand	Zugfestigkeit σ_B kg/mm²	Bruchdehnung[1] δ_{10} %	Brinellhärte H[2] (P = 10 D²) kg/mm²	Richtlinien für die Verwendung
Aluminium-Knetlegierungen, Gattung Al-Mg-Si	Al-Mg-Si	0,5 bis 2 Mg 0,3 bis 1,5 Si 0 bis 1,5 Mn Rest Al	weich	11 bis 13	27 bis 15	30 bis 40	Teile von guter mechanischer und chemischer Widerstandsfähigkeit
			abgeschreckt und gegebenenf. nachgerichtet[7]	18 bis 28	25 bis 12	50 bis 70	
			ausgehärtet und gegebenenf. nachgerichtet[4 5 6]	26 bis 35	20 bis 10	60 bis 100	
			ausgehärtet und kalt verfestigt[5]	35 bis 42	10 bis 2	100 bis 120	

Zu dieser Gattung gehören: Aludur 533 (Korrofestal), Duralumin K, Legal, Anticorodal, Pantal, Ulmal, Polital (nickelhaltig), M, Silal V

Für Freileitungen ist Aldrey $\left(\text{elektr. Leitfähigkeit mindestens } 30 \frac{\text{m}}{\text{Ohm mm}^2}\right)$ bestimmt.

5. Gattung Al-Mg: Aluminium-Knetlegierungen mit hohem Magnesiumgehalt

Kennzeichnende Eigenschaften: Hohe Festigkeit, sehr hohe Seewasserbeständigkeit, gute Polierbarkeit, spez. Gewicht 2,6

Benennung	Kurzzeichen	Ungefähre Zusammensetzung %	Zustand	Zugfestigkeit σ_B kg/mm²	Bruchdehnung[1] δ_{10} %	Brinellhärte H[2] (P = 10 D²) kg/mm²	Richtlinien für die Verwendung
Aluminium-Knetlegierungen, Gattung Al-Mn	Al-Mg	2,5 bis 12 Mg 0 bis 1,5 Mn Rest Al	weich	20 bis 45	25 bis 15	45 bis 90	Mechanisch hochbeanspruchte Teile von hoher Seewasserbeständigkeit
			halbhart	25 bis 48	15 bis 10	60 bis 100	

Zu dieser Gattung gehören: Hydronalium, BS-Seewasser, Duranalium, Peraluman 7, Heddronal.

Fachnormenausschuß für Nichteisen-Metalle Fortsetzung Seite 12

Fußnoten 1—6 siehe Seite 12.

[7] Hierbei ist berücksichtigt, daß durch das Abschrecken eine gewisse Aushärtung bei Raumtemperatur eingetreten ist.

(Fortsetzung von Seite 9 oben).

nach der Legierungszusammensetzung und den daraus sich ergebenden Verwendungs- und Anwendungsmöglichkeiten aufgebaut:

Gruppe 1: die mechanisch hochfesten Legierungen von geringer chemischer Beständigkeit (Gattung A_1, Gattung A_2, Gattung A_3, Gattung B_1, Gattung B_2, Gattung B_3, Gattung B_4 und Gattung B_5);

6. Gattung Al-Mg-Mn: Aluminium-Knetlegierungen mit mittlerem Magnesium- und geringem Mangangehalt

Kennzeichnende Eigenschaften: Festigkeit höher als beim Reinaluminium, sehr hohe Seewasserbeständigkeit, spez. Gewicht 2,7

Benennung	Kurzzeichen	Ungefähre Zusammensetzung %	Zustand	Zugfestigkeit σ_B kg/mm²	Bruchdehnung[1] δ_{10} %	Brinellhärte H[2] (P = 10 D²) kg/mm²	Richtlinien für die Verwendung
Aluminium-Knetlegierungen, Gattung Al-Mg-Mb	**Al-Mg-Mn**	2 bis 2,5 Mg 1 bis 2 Mn 0 bis 0,2 Sb Rest Al	weich	16 bis 24	25 bis 15	50 bis 60	An Stelle von Reinaluminium, wenn höherer Verformungswiderstand und hohe chemische Beständigkeit erwünscht sind
			halbhart	20 bis 30	8 bis 4	60 bis 80	
			hart	24 bis 38	5 bis 2	70 bis 90	

Zu dieser Gattung gehören: KS-Seewasser und Peraluman.

7. Gattung Al-Si: Aluminium-Knetlegierungen mit hohem Siliziumgehalt

Kennzeichnende Eigenschaften: Festigkeit höher als beim Reinaluminium, gute Korrosionsbeständigkeit, gute chemische Beständigkeit, spez. Gewicht 2,7

Benennung	Kurzzeichen	Ungefähre Zusammensetzung %	Zustand	Zugfestigkeit σ_B kg/mm²	Bruchdehnung[1] δ_{10} %	Brinellhärte H[2] (P = 10 D²) kg/mm²	Richtlinien für die Verwendung
Aluminium Knetlegierungen, Gattung Al-Si	**Al-Si**	12 bis 13,5 Si Rest Al	weich	12 bis 15	25 bis 15	40 bis 50	An Stelle von Reinaluminium, wenn höherer Verformungswiderstand erwünscht ist
			halbhart	15 bis 20	10 bis 3	50 bis 60	
			hart	18 bis 25	5 bis 2	60 bis 80	

Zu dieser Gattung gehört Silumin.

8. Gattung Al-Min: Aluminium-Knetlegierungen mit geringem Mangangehalt

Kennzeichnende Eigenschaften: Festigkeit höher als beim Reinaluminium, gute Korrosionsbeständigkeit, spez. Gewicht 2,75

Benennung	Kurzzeichen	Ungefähre Zusammensetzung %	Zustand	Zugfestigkeit σ_B kg/mm²	Bruchdehnung[1] δ_{10} %	Brinellhärte H[2] (P = 10 D²) kg/mm²	Richtlinien für die Verwendung
Aluminium-Knetlegierungen, Gattung Al-Mn	**Al-Mn**	1 bis 2 Mn Rest Al	weich	10 bis 15	35 bis 20	20 bis 40	An Stelle von Reinaluminium, wenn höherer Verformungswiderstand erwünscht ist
			halbhart	12 bis 18	15 bis 5	40 bis 50	
			hart	18 bis 25	5 bis 2	50 bis 60	

Zu dieser Gattung gehören: Aluman (AW 15), Mangal, M 115, Heddal, MN 20, Silal K, Wicromal.

[1] Der Übersichtlichkeit halber werden einheitlich die höheren Dehnungswerte zuerst angegeben.

[2] Beim Zustand „weich“ kann die Wahl einer kleineren Belastungsstufe zweckmäßig sein. Näheres siehe DIN 1605.

B Aluminium-Gußlegierungen[8]

1. Gattung GAl-Cu: Aluminium-Gußlegierungen mit Kupfergehalt

Kennzeichnende Eigenschaften: Festigkeit höher als beim Reinaluminium, gute Gießbarkeit, Wärmebeständigkeit, spez. Gewicht 2,85 (bis 2,9)

Benennung	Kurzzeichen	Ungefähre Zusammensetzung %	Zustand	Zugfestigkeit σ_B kg/mm²	Bruchdehnung[1] δ_{10} %	Brinellhärte H (P=5 D²) kg/mm²	Richtlinien für die Verwendung
Aluminium-Gußlegierungen, Gattung GAl-Cu	**GAl-Cu**	7 bis 9 (15) Cu Rest Al	Sandguß	12 bis 18	4 bis 0,5	60 bis 90	Gußstücke mit guter Wärmebeständigkeit
			Kokillenguß	12 bis 20	3 bis 0,5	70 bis 100	

Zu dieser Gattung gehören die „Amerikanische Legierung" und die selbsthärtende Legierung Neonalium, die zusätzlich Magnesium enthält.

2. Gattung GAl-Zn-Cu: Aluminium-Gußlegierungen mit Zink- und Kupfergehalt

Kennzeichnende Eigenschaften: Festigkeit höher als beim Reinaluminium, gute Gießbarkeit, spez. Gewicht 2,9 bis 2,95

Benennung	Kurzzeichen	Ungefähre Zusammensetzung %	Zustand	Zugfestigkeit σ_B kg/mm²	Bruchdehnung[1] δ_{10} %	Brinellhärte H (P= 5 D²) kg/mm²	Richtlinien für die Verwendung
Aluminium-Gußlegierungen, Gattung GAl-Zn-Cu	**GAl-Zn-Cu**	8 bis 12 Zn 2 bis 5 Cu Rest Al	Sandguß	12 bis 18	4 bis 0,5	60 bis 90	Gußstücke aller Art, auch für wechselnde Belastung; Motorwagenteile
			Kokillenguß	12 bis 20	3 bis 0,5	70 bis 100	

Zu dieser Gattung gehört die „Deutsche Legierung".

3. Gattung GAl-Cu-Ni: Aluminium-Gußlegierungen mit Kupfer- und Nickel- und geringem Magnesiumgehalt

Kennzeichnende Eigenschaften: Aushärtbarkeit (Vergütbarkeit), Warmfestigkeit, spez. Gewicht 2,75

Benennung	Kurzzeichen	Ungefähre Zusammensetzung %	Zustand	Zugfestigkeit σ_B kg/mm²	Bruchdehnung[1] δ_{10} %	Brinellhärte H (P= 5 D²) kg/mm²	Richtlinien für die Verwendung
Aluminium-Gußlegierungen, Gattung GAl-Cu-Ni	**GAl-Cu-Ni**	4 Cu 2 Ni 1,5 Mg Rest Al	Sandguß	18 bis 20	1 bis 0,5	80 bis 95	Vorzugsweise hochbeanspruchte warmfeste Gußteile
			Sandguß ausgehärtet	24 bis 27	0,8 bis 0,3	100 bis 115	
			Kokillenguß	19 bis 21	1 bis 0,5	85 bis 100	
			Kokillenguß ausgehärtet	26 bis 34	1 bis 0,5	100 bis 120	

Zu dieser Gattung gehört die Gußlegierung Y.

[1] Der Übersichtlichkeit halber werden einheitlich die höheren Dehnungswerte zuerst angegeben.

[8] Spritzgußlegierungen, Kolbenlegierungen u. a. m. sollen in der nächsten Ausgabe des Blattes berücksichtigt werden.

 Fortsetzung Seite 14

4. Gattung GAl-Si: Aluminium-Gußlegierungen mit hohem Siliziumgehalt ohne Zusatz.

Kennzeichnende Eigenschaften: Eutektische Legierungen mit ausgezeichneten Gießeigenschaften guter chemischer Beständigkeit, spez. Gewicht 2,65

Benennung	Kurzzeichen	Ungefähre Zusammensetzung %	Zustand	Zugfestigkeit σ_B kg/mm²	Bruchdehnung[1] δ_{10} %	Brinellhärte H (P = 5 D²) kg/mm²	Richtlinien für die Verwendung
Aluminium-Gußlegierungen, Gattung GAl-Si	**GAl-Si**	11 bis 13,5 Si Rest Al	Sandguß	17 bis 22	8 bis 4	50 bis 60	Verwickelte stoßfeste Gußstücke
			Kokillenguß	18 bis 26	5 bis 3	60 bis 80	

Zu dieser Gattung gehört Silumin.

5. Gattung GAl-Si-Cu: Aluminium-Gußlegierungen mit hohem Silizium- und geringem Kupfergehalt

Kennzeichnende Eigenschaften: Eutektische Legierungen mit ausgezeichneten Gießeigenschaften, spez. Gewicht 2,65

Benennung	Kurzzeichen	Ungefähre Zusammensetzung %	Zustand	Zugfestigkeit σ_B kg/mm²	Bruchdehnung[1] δ_{10} %	Brinellhärte H² (P = 5 D²) kg/mm²	Richtlinien für die Verwendung
Aluminium-Gußlegierungen, Gattung GAl-Si-Cu	**GAl-Si-Cu**	11 bis 13,5 Si 0,7 bis 0,9 Cu 0,2 bis 0,4 Mn Rest Al	Sandguß	17 bis 22	5 bis 2	50 bis 60	Verwickelte schwingungsfeste Gußstücke
			Kokillenguß	18 bis 22	3 bis 2	60 bis 80	

Zu dieser Gattung gehört Kupfer-Silumin.

6. Gattung GAl-Si-Mg: Aluminium-Gußlegierungen mit hohem Silizium- und geringem Magnesiumgehalt

Kennzeichnende Eigenschaften: Eutektische Legierungen mit ausgezeichneten Gießeigenschaften, Aushärtbarkeit (Vergütbarkeit), guter chemischer Beständigkeit, spez. Gewicht 2,65

Benennung	Kurzzeichen	Ungefähre Zusammensetzung %	Zustand	Zugfestigkeit σ_B kg/mm²	Bruchdehnung[1] δ_{10} %	Brinellhärte H (P = 5 D²) kg/mm²	Richtlinien für die Verwendung
Aluminium-Gußlegierungen, Gattung GAl-Si-Mg	**GAl-Si-Mg**	11 bis 13,5 Si 0,4 bis 0,6 Mn 0,1 bis 0,5 Mg Rest Al	Sandguß ausgehärtet	25 bis 29	4 bis 1	80 bis 100	Verwickelte schwingungsfeste Gußstücke
			Kokillenguß ausgehärtet	26 bis 32	1,5 bis 0,7	90 bis 110	

Zu dieser Gattung gehört Silumin-Gamma.

[1] Der Übersichtlichkeit halber werden einheitlich die höheren Dehnungswerte zuerst angegeben.

 Fortsetzung Seite 15

7. Gattung GAl-Mg: Aluminium-Gußlegierungen mit hohem Magnesiumgehalt

Kennzeichnende Eigenschaften: Gute Seewasserbeständigkeit, beschränkte Beständigkeit gegen Alkalien, Polierbarkeit, spez. Gewicht 2,6

Benennung	Kurzzeichen	Ungefähre Zusammensetzung %	Zustand		Zugfestigkeit σ_B kg/mm²	Bruchdehnung[1] δ_{10} %	Brinellhärte H (P = 10 D²) kg/mm²	Richtlinien für die Verwendung
Aluminium-Gußlegierungen, Gattung GAl-Mg	**GAl-Mg**	4 bis 12 Mg 0 bis 1 Mn 0,1 bis 1,5 Si 0 bis 1 Sb Rest Al	Sandguß	unbehandelt	15 bis 20	5 bis 2	60 bis 70	Teile mit guter Festigkeit bei hoher chemisch. Beständigkeit, besonders gegen Seewasser
				homogen	20 bis 26	8 bis 4	60 bis 70	
			Kokillenguß		22 bis 26	10 bis 5	70 bis 80	

Zu dieser Gattung gehören: Hydronalium, BS-Seewasser, Duranalium-Guß, Peraluman 7, Stalanium. — Die Bezeichnung „unbehandelt" in der Spalte „Zustand" bezieht sich auf Hydronalium, die Bezeichnung „homogen" auf BS-Seewasser.

8. Gattung GAl-Mg-Si: Aluminium-Gußlegierungen mit mittleren Silizium- und geringem Magnesiumgehalt

Kennzeichnende Eigenschaften: Untereutektische Legierungen mit guter Gießbarkeit, Aushärtbarkeit (Vergütbarkeit), Polierbarkeit, guter chemischer Beständigkeit, spez. Gewicht 2,7

Benennung	Kurzzeichen	Ungefähre Zusammensetzung %	Zustand		Zugfestigkeit σ_B kg/mm²	Bruchdehnung[1] δ_{10} %	Brinellhärte H[2] (P = 5 D²) kg/mm²	Richtlinien für die Verwendung
Aluminium-Gußlegierungen, Gattung GAl-Mg-Si	**GAl-Mg-Si**	2 bis 5 Si 0,3 bis 2 Mg 0,5 bis Mn Rest Al	Sandguß	unbehandelt	13 bis 18	3 bis 1	60 bis 70	Verwickelte hochbeanspruchte Gußstücke
				ausgehärt.	17 bis 28	4 bis 1	70 bis 100	
			Kokillenguß	unbehandelt	15 bis 20	5 bis 1	60 bis 80	
				ausgehärtet	20 bis 30	4 bis 1	80 bis 100	

Zu dieser Gattung gehören: Anticorodalguß, Politalguß, VAG 160, Pantal 5, Nüral 43.

9. Gattung: GAl-Mg-Mn: Aluminium-Gußlegierungen mit mittleren Magnesium- und mit Mangangehalt

Kennzeichnende Eigenschaften: Gute Seewasserbeständigkeit, Polierbarkeit, spez. Gewicht 2,7

Benennung	Kurzzeichen	Ungefähre Zusammensetzung %	Zustand	Zugfestigkeit σ_B kg/mm²	Bruchdehnung[1] δ_{10} %	Brinellhärte H[2] (P = 5 D²) kg/mm²	Richtlinien für die Verwendung
Aluminium-Gußlegierungen Gattung GAl-Mg-Mn	**GAl-Mg-Mn**	2 bis 4 Mg 1,2 bis 1,5 Mn 0 bis 0,2 Sb bzw. Ti Rest Al	Sandguß	14 bis 18	8 bis 3	40 bis 60	Teile mit mittlerer Festigkeit bei hoher chemischer Beständigkeit, besonders gegen Seewasser
			Kokillenguß	15 bis 19	8 bis 3	50 bis 60	

Zu dieser Gattung gehören: KS-Seewasser, Titan-Seewasser, L 15, Gußpantal, Peraluman, Duranalium-Guß.

[1] Der Übersichtlichkeit halber werden einheitlich die höheren Dehnungswerte zuerst angegeben.

 Fortsetzung Seite 16

Die Aluminiumlegierungen lassen sich schweißen, hart- und unter gewissen Bedingungen auch weichlöten; bei ausgehärteten und mechanisch verfestigten Legierungen gehen dabei Festigkeit und Korrosionsbeständigkeit mehr oder weniger zurück. Bei elektrischer Punktschweißung und elektrischer Nahtschweißung tritt dieser Rückgang in vermindertem Maße ein.
Die meisten kupfer- und zinkfreien Aluminiumlegierungen erreichen praktisch dieselbe Korrosionsbeständigkeit wie Reinaluminium. Der Rückgang der Korrosionsbeständigkeit durch Zusatz von Kupfer und Zink ist durch entsprechenden Oberflächenschutz auszugleichen.
Die Prüfwerte der Gußlegierungen sind an gesondert gegossenen Probestäben von 100 mm^2 Querschnitt für Sand- und Kokillenguß bei gleichen Formstoffen ermittelt. Es kann nicht erwartet werden, daß im Gußstück selbst ohne weiteres an allen Stellen diese Zahlenwerte erreicht werden. Hierüber sind bei Bestellung jeweils besondere Vereinbarungen zu treffen.
Für einige der in diesem Blatt angegebenen Legierungen oder für ihre Anwendung bestehen im In- und Auslande gewerbliche Schutzrechte oder Anmeldungen hierfür. Zahlreiche Legierungsnamen sind als Warenzeichen eingetragen.

Abdruck der Normenblätter des Deutschen Normenausschusses. Verbindlich für die vorstehenden Angaben bleiben die Dinormen. Normenblätter sind durch den Beuth-Verlag G.m.b.H. Berlin SW 19, Dresdener Str. 97, zu beziehen.

Gruppe 2: mechanisch genügend feste und chemisch genügend beständige Legierungen (Gattung A_4, Gattung B_5, Gattung B_6, Gattung B_7);

Gruppe 3: Legierungen von besonderer chemischer Beständigkeit vor allen Dingen gegen Seewasser (Gattung A_5, Gattung B_7, Gattung B_9);

Gruppe 4: Legierungen von besonderer Verformungsfähigkeit (Gattung A_7 und Gattung A_8) und von besonderer Gießbarkeit und hoher mechanischer Festigkeit (Gattung B_8).

Neben diesen in dem Normblatt bei den einzelnen Gruppen erwähnten handelsüblichen Aluminium-Legierungen bestehen noch eine ganze Anzahl Legierungen von ähnlicher Zusammensetzung und Eigenschaften wie die Normenlegierungen. Die Zusammensetzung einiger wichtiger Aluminium-Legierungen gibt Zahlentafel 3; mit Rücksicht auf den Umfang des Buches konnte nur eine beschränkte Auswahl getroffen werden, ohne daß damit eine Bewertung verbunden sein sollte.

3. Spanlose Formung des Aluminiums und seiner Legierungen.

Die spanlose Formung des Aluminiums und seiner Legierungen erfolgt: a) auf Grund der Gießbarkeit; b) auf Grund der Geschmeidigkeit (Duktilität) bei höheren Temperaturen — Warmverformung oder Warmformgebung — und bei gewöhnlichen Temperaturen (20—100°) — Kaltverformung oder Kaltformgebung.

Dabei ist in allen Fällen das grundsätzlich andere Verhalten des Aluminiums und seiner Legierungen bei der Verformung zu berücksichtigen, um einwandfreie Stücke zu bekommen.

a) Gießen.

Zur Herstellung von Gußstücken aus Aluminium und seinen Legierungen dienen die üblichen, auch sonst in der Metalltechnik benutzten Verfahren:

Zahlentafel 3.

Knetlegierungen.

Typ	Name der Legierung	Zusammensetzung in %							
		Cu	Ni	Si	Mg	Fe	Ti	Mn	Al
Al–Cu–Mg	Bondur	3,5—5,5	—	0,3—0,5	0,2—0,7	—	—	0,3—1,0	Rest
DIN 1713;	Deltumin	3,5—5,5	—	0,2—1,5	0,5—2,0	—	—	0,1—1,5	,,
A_1	Duralumin	2,5—5,5	—	0,2—1,0	0,2—2,0	—	—	< 1,2	,,
	Igedur	3—5	—	0,2—1,2	0,3—1,4	—	—	0,2—1,2	,,
	Silal	1,5—4,4	—	0,3—0,6	0,6—1,2	—	< 0,1	0,6—1,0	,,
Al–Cu–Ni	Duralumin								
DIN 1713;	W	3,5—4,5	1,8—2,2	—	1—1,8	—	—	—	,,
A_2	Y	3,8—4,2	1,8—2,2	—	1,3—1,6	0,3	—	—	,,
Al–Cu	Lautal	4,4—5,5	—	0,2—0,5	—	—	—	—	,,
DIN 1713;	NS	4,5—5,4	—	—	—	—	—	0,2—0,5	,,
A_3	Qualität 55	3—5	—	0,3—0,7	—	—	—	0,3—0,8	,,
	F u. G 3	5—6	—	1,0	—	—	—	0,5	,,
Al–Mg–Si	Aldrey	—	—	0,5—0,6	0,4—0,5	—	—	—	,,
DIN 1713;	Duralumin								
A_4	K	—	—	0,3—1,5	0,5—2,0	—	—	< 1,5	,,
	Legal	—	—	0,4—0,6 0,9—1,2	0,4—0,5 0,8—1,2	0,2—0,4	—	0,6—1,0	,,
	Pantal	—	—	0,5—1,0	0,8—2,0	—	—	0,4—1,4	,,
	Ulmal	—	—	0,3—1,5	0,5—2,0	—	—	0,2—1,5	,,
Al–Mg	BS-See-	—	—	0,2	4,8—5,2	—	—	0,3—0,5	,,
DIN 1713;	wasser								
A_5	63/05								
	Hydrona-								
	lium	—	—	0,2—1,0	3—12	—	—	0,2—0,5	,,
	Peraluman 7	—	—	—	7	—	—	0,3—0,5	,,
Al–Mg–Mn	KS-See-								
DIN 1713;	wasser	—	—	0,3—1,0	1—2,0	—	—	1—2,0	,,
A_6	Peraluman 2	—	—	—	2—2,3	—	—	1,3—1,5	,,
Al–Si	Silumin	—	—	12—13,5	—	—	—	—	,,
DIN 1713;									
A_7									
Al–Mn	Aluman	—	—	—	—	—	0,1—0,2	1,4—1,6	,,
DIN 1713;	Mangal	—	—	—	—	—	—	1,5	,,
A_8	Wicromal	—	—	—	—	—	—	0,8—2,9 + Th = 0,2—0,7	,,

Gußlegierungen.

Typ	Name der Legierung	Zusammensetzung in %									
		Cu	Zn	Ni	Si	Mg	Fe	Ti	Mn	Sb	Al
GAl–Cu DIN 1713; B_1	Amerikan. Legierung	8	—	—	—	—	—	—	—	—	Rest
	Neonalium	6—14	—	—	—	—	—	—	—	—	,,
GAl–Zn–Cu DIN 1713; B_2	Deutsche Legierung	2	10—12	—	—	—	—	—	—	—	,,
GAl–Cu–Ni DIN 1713; B_3	Legierung Y	4,5	—	1,8—2,2	—	1,3—1,6	—	—	—	—	,,
	Hidiminium RR 50	1,3	—	1,2	2	0,1	1	0,1	—	—	,,
	Hidiminium RR 53	2,2	—	1,3	1,2	1,5	1,4	0,1	—	—	,,
GAl–Si DIN 1713; B_4	Silumin	—	—	—	13	—	—	—	—	—	,,
GAl–Si–Cu DIN 1713; B_5	Kupfer-Silumin	0,7—0,9	—	—	12—12,5	—	—	—	0,2—0,3	—	,,
GAl–Si–Mg DIN 1713; B_6	Silumin-Gamma	—	—	—	12,25 bis 12,75	0,25 bis 0,35	—	—	0,35 bis 0,65	—	,,
GAl–Mg DIN 1713; B_7	Hydronalium	—	—	—	0,2—1	3—12	—	—	0,2—0,5	—	,,
	BS-Seewasser (Guß)	—	—	—	<0,2	8	—	—	0,2—0,3	—	,,
	Nüral	—	—	—	0,2—1	3—12	—	—	0,2—0,5	—	,,
	Titan-Sonder Seewasser										
	S_3	—	—	—	0,8	3	>0,3	0,3	—	—	,,
	S_5	—	—	—	0,1—0,7	5	>0,3	0,3	—	—	,,
	S_8	—	—	—	0,1—0,7	8	>0,3	0,3	—	—	,,

Gußlegierungen (Fortsetzung).

Typ	Name der Legierung	Zusammensetzung in %									
		Cu	Zn	Ni	Si	Mg	Fe	Ti	Mn	Sb	Al
GAl—Mg Si DIN 1713; B₈	Anticorodal	—	—	—	2	0,6	<0,45	<0,2	0,7	—	Rest
	Pantal 5	—	—	—	5	0,6—0,7	—	—	0,7	—	,,
	Polital (Guß)	—	—	—	0,5—1,5	0,4—1	—	—	0,4—1	—	,,
GAl–Mg–Mn DIN 1713; B₉	L 15	—	—	—	0,5—1	2	0,25	0,1	1,4—1,5	—	,,
	KS-Seewasser	—	—	—	0,3—0,8	2,3	—	—	1—2	0,2	,,
Kolbenlegierungen	Variierte amerikan. Legierung	12—16	—	—	0,5	0—0,5	0,5—1	—	—	—	,,
	Nelson-Bohnalite	9—10	—	—	0,3	0,1—0,5	<1	—	—	—	,,
	Y	3,5—4,5	—	1,8—2,3	<0,6	1,2—1,7	<0,6	—	—	—	,,
	RR 53	2,25	—	1,3	1,25	1,6	1,4	0,1	—	—	,,
	RR 59	2,25	—	1,3	0,5	1,6	1,4	0,1	—	—	,,
	Titanal	12,0	—	—	4,3	0,3	0,5	—	—	—	,,
	KS 245	4,5	—	1,5	14	0,7	0,5	—	1	—	,,
	Alusil	1,5	—	—	20—22	—	0,6	—	—	—	,,
	KS 280	1,5	—	1,5	20—22	0,5	0,6	1,25 CO	—	—	,,
	KS 1275	—	—	—	13	—	—	—	—	—	,,
	EC 124; Lowex, Nüral 132	1	—	1—2,5	12,5	1	0,8	—	—	—	,,

Wiedergabe mit Genehmigung des Deutschen Normenausschusses. Verbindlich ist jeweils die neueste Ausgabe des Normblattes im Normformat A 4, das beim Beuth-Verlag, Berlin SW 19, erhältlich ist.

Sandguß, Schalenguß (Kokillenguß), Spritzguß und Preßguß. Grundsätzlich sind mit Rücksicht auf die ganz bedeutend größere Empfindlichkeit der Leichtmetalle und der Leichtmetall-Legierungen gegen örtliche Überbeanspruchungen und Spannungsanhäufungen, wegen des bedeutend geringeren Elastizitätsmoduls und wegen der geringeren Verschleißfestigkeit und wegen der Korrosionsempfindlichkeit nachstehende Regeln bei der Formgebung zu beachten: 1. Scharfe Ecken sind zu vermeiden (Abb. 3). 2. Große Abrundungsradien und glatte Querschnittsübergänge sind anzustreben. 3. Rand-

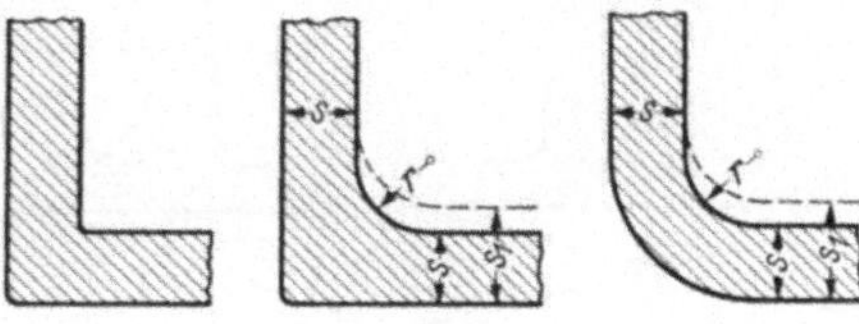

Abb. 3.

spannungen sind durch wulstartige Ausführung der Ränder zu vermindern. 4. Löcher und Durchbrüche sind zu umwulsten. 5. Kasten- und wellenförmige Ausbildung der Wände ist vorzuziehen, um damit Spannungen auf größere Massen möglichst gleichmäßig zu verteilen (Abb. 4). 6. Große Trägheitsmomente vor allem bei stark auf Schwingung belasteten Teilen sind vorzusehen (Abb. 5). 7. Einfachste Modellteilung unter Vermeidung loser Teile ist anzustreben. 8. Einfachste Kernformung, wenig Kerne und beste Kernentlüftung sind besonders wichtig. 9. Reichlichere Aushebeschräge als bei Eisen (mindestens 0,5—1% der Teilhöhe). 10. Mindestwandstärke bei normalen Gußstücken mindestens auf 4 mm halten, die Kühlrippen auf 2,5 mm auslaufen lassen. 11. Zum Ausgleich unzureichender Verschleißfestigkeit, bei höherer Flächenpressung, bei örtlich auftretenden Überbeanspruchungen, z. B. Keilnuten, Kugellagersitzen u. ä., ist Ausstattung mit Schwermetallteilen notwendig (Abb. 6). 12. Reichliche und genügend große Kühleisen anzuwenden zur Vermeidung von Lunkern (Abb. 7). 13. Bei allen wasserführenden Teilen sind dem Kühlwasser Schutzstoffe beizugeben, die der Korrosionswirkung entgegenarbeiten.

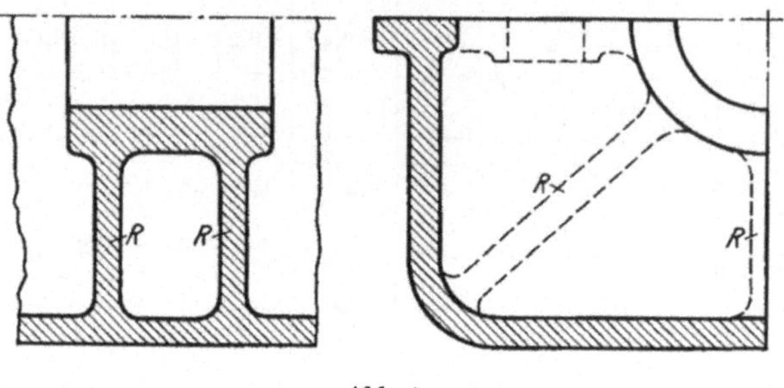

Abb. 4.

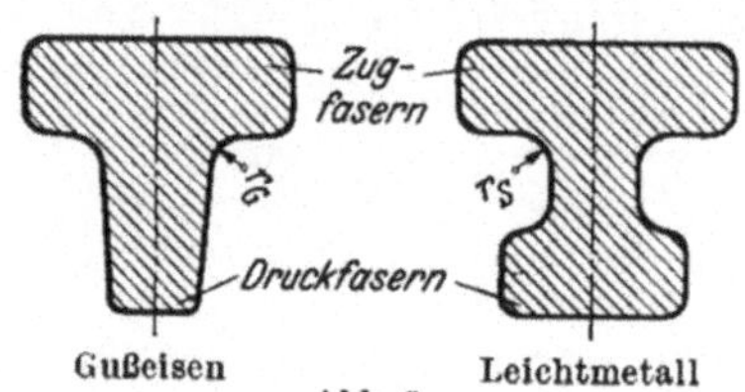

Abb. 5.

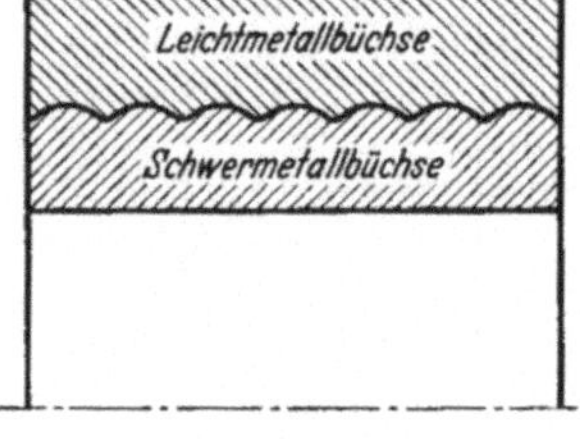

Abb. 6.

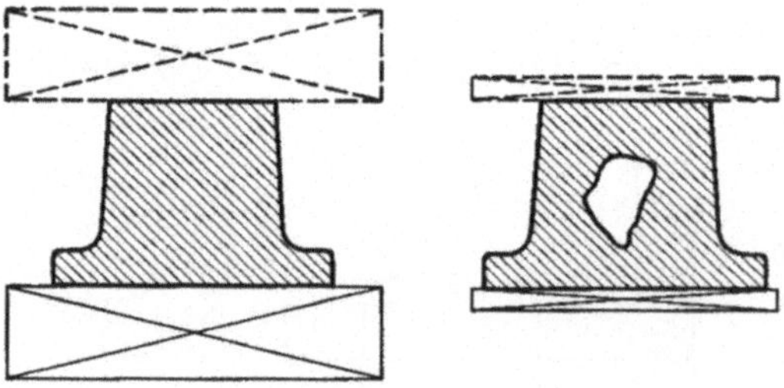

Abb. 7.

α) Sandguß. Benutzt werden zur Herstellung von Sandgußstücken vorwiegend die Gußlegierungen Gattung B_1, Gattung B_2, Gattung B_4, Gattung B_5, Gattung B_6, Gattung B_7, Gattung B_8 und Gattung B_9. Die Formtechnik ist die gleiche wie bei Eisenlegierungen. Die Modelle werden nach den gleichen Gesichtspunkten wie bei den anderen Metallen hergestellt, wobei besonders auf saubere glatte Oberfläche geachtet werden muß. Die Modellteilung ist für steigenden Guß zu treffen.

Normal ist Grünguß. Als Formsand wird ein besonders gut gas- und luftdurchlässiger grüner Sand von möglichst gleichmäßiger Körnung — rd. 60% von 0,1—0,2 mm Korndurchmesser und 40% von 0,05—0,5 mm Korndurchmesser —, 10—15% Tonerdegehalt und 7—8% Wassergehalt benutzt. Sonst übliche Zusätze zur Erhöhung der Bildsamkeit wie Öl, Kohlenstaub, Melasse u. a. dürfen wegen der dadurch bedingten Gefahr der Gasaufnahme nicht benutzt werden. Die Form ist besonders gut luftzustechen und wird vor dem Abguß mit einem Gemisch von $^2/_3$ Talkum und $^1/_3$ Graphit eingestäubt. Für Kerne wird neuer ungebrauchter Formsand benutzt, für verwickelte Kerne auch Ölsand, wobei aus den vorerwähnten Gründen der Ölanteil niedrig zu halten ist.

Die Formfülligkeit — allgemein als Gießbarkeit bezeichnet — ist von besonderer Bedeutung. Diese wird an Vergleichsgußstücken — z. B. Spiralen oder Gittern u. ä. — festgestellt, die bei der richtigen Gießtemperatur unter sonst gleichen Verhältnissen aus den verschiedensten Legierungen hergestellt werden. Die Länge der so erzeugten Spirale im Verhältnis zur gesamten Länge, die Anzahl der Stäbe geben dann ein Maß für die Formfülligkeit. Diese beträgt: bei Reinaluminium rd. 40%; bei der amerikanischen Legierung (G Al–Cu) rd. 64%; bei der deutschen Legierung (G Al–Zn–Cu) 63—69%; bei Silumin (G Al–Si), Kupfer-Silumin (G Al–Si–Cu) und Silumin-Gamma (G Al–Si–Mg) rd. 78—80%.

Die Formfülligkeit ist außerdem sehr stark abhängig von folgenden Faktoren: Sorgfalt des Umschmelzvorgangs; Häufigkeit des Umschmelzens; Reinheitsgrad des Aluminiums und seiner Legierungen. Die Formfülligkeit ist maßgebend für den Aufbau des Gießlings. Je geringer sie ist, desto einfacher und weniger verwickelt muß der Gießling gestaltet werden. Aluminium z. B. erlaubt nur einfach aufgebaute Gußstücke von geringer Festigkeit herzustellen, kommt demzufolge nur bei Gußstücken in Frage, bei denen die Festigkeitseigenschaften von geringer und die chemischen und elektrischen Eigenschaften von besonderer Bedeutung sind. Dagegen gestatten die Silumin-Legierungen sehr verwickelt aufgebaute Gußstücke von hoher mechanischer Festigkeit und sehr guter chemischer Beständigkeit herzustellen.

Reichlich bemessene Eingüsse und Steiger sind vorzusehen, ferner besondere Füllkanäle und Schaumkanäle, damit Schlacken und Schaum nicht in den Gießling gelangen können. Der Anschnitt ist stets nach unten zu legen. Auf gleichmäßiges Füllen der Form ist besonders zu achten (Abb. 8). Für verwickeltere Formen wird vereinzelt auf Trockenguß übergegangen. Im allgemeinen genügt kurz vor dem Gießen ein Abflammen der Form. Sind Schreckplatten (Kühleisen) vorzusehen, so müssen diese reichlich groß bemessen sein (s. oben) und außerdem unmittelbar vor dem Abguß z. B. mittels Lötlampe oder Schweißbrenner auf 100° angewärmt oder mit reinem Petroleum bespritzt worden. Andernfalls bilden sich infolge des auftretenden Wasserdampfes blasige Stellen im Gußstück oder die Form kocht.

Wie früher gesagt, beeinflußt die Schmelztechnik den Formfüllungsgrad besonders stark. Ihr ist besondere Aufmerksamkeit zuzuwenden.

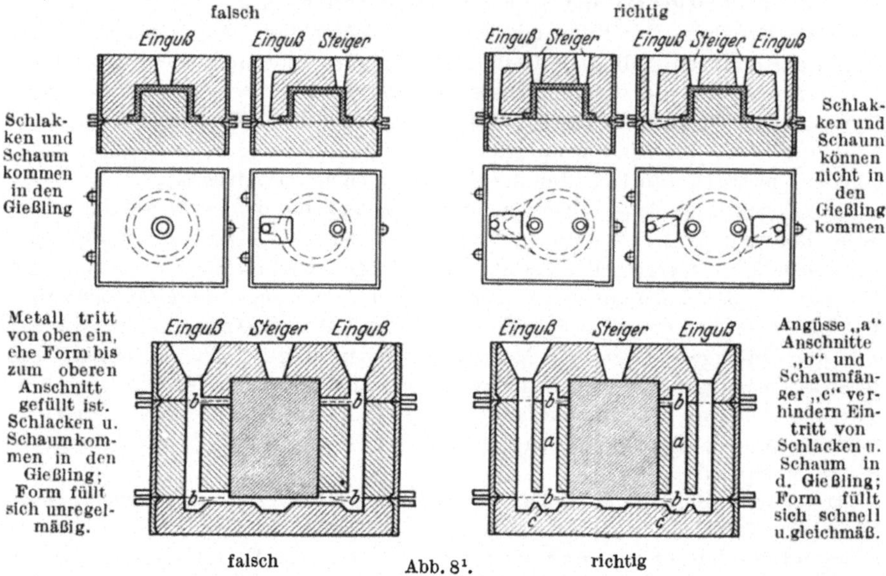

Abb. 8[1].

Als Umschmelzöfen werden benutzt: Elektrische Öfen — gewöhnlich widerstandsbeheizt vom Deckel aus —; tiegellose Trommel- oder Herdöfen mit Ölfeuerung oder besser mit trockenem Generatorgas und gewöhnliche Öl-Koks-Gastiegelöfen ohne Überdruck im Ofenraum und möglichst vollständiger Verbrennung der Gase. Vor dem Abstich werden trockene Salze wie Aluminiumchlorid, Zinkchlorid, ein Gemisch von Natriumchlorid und Natriumfluorid oder besondere Salzgemische eingetragen zwecks Reinigung der Schmelze von Schlacken und Gasen. Bei Silumin empfiehlt sich außerdem ein Zusatz von Natriummetall. Der gutgeführte Ofen erfordert 1—2% Abbrand bei etwa 4—5% Krätzeanfall. Beim Gießen selbst ist ruhig zu gießen, das Absetzen ist zu vermeiden,

[1] Nach Dornauf Z. d. VDI. 1933.

der Einguß muß gut vollgehalten werden und die Pfannenschnauzen müssen möglichst dicht über dem Einguß gehalten werden. Steiger sind durch Aufgießen von heißem, frischem Metall oder durch Pumpen offenzuhalten. Das Umfüllen ist nach Möglichkeit zu vermeiden wegen der dadurch bedingten Gefahr der Gasaufnahme.

Mit Rücksicht auf die sehr geringe Warmfestigkeit der Aluminium-Legierungen und die dadurch bedingte Neigung zu Warmrissen beim Erstarren, müssen die Formkästen schnell entleert bzw. aufgestoßen und die Kerne ausgestoßen werden. Eine Ausnahme machen die Silumin-Legierungen.

Das Putzen der Sandgußteile erfolgt von Hand durch Abbürsten, Abmeißeln, Abfeilen oder Abraspeln. Grate, Eingüsse, Steiger und verlorene Köpfe werden durch raschlaufende Bandsägen entfernt. Zum Abschleifen werden Schmirgelscheiben wie zum Vorschleifen benutzt. Das Absanden geschieht mit mittelfeinem Blassand bei höchstens 2 at Preßluftdruck. Bei der Verwendung zu groben Sandes und höherer Preßluftdrücke leidet die Oberfläche und der Gießling wird unansehnlich. Für bestimmte Ansprüche an die Oberflächengüte kann noch ein Nachbeizen stattfinden (s. Oberflächenbehandlung von Aluminium-Legierungen).

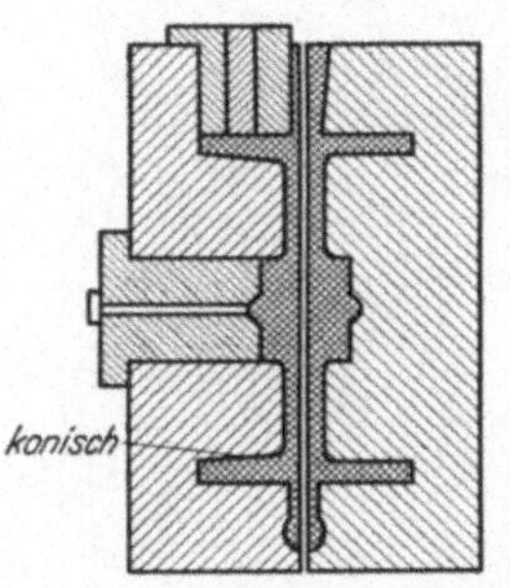

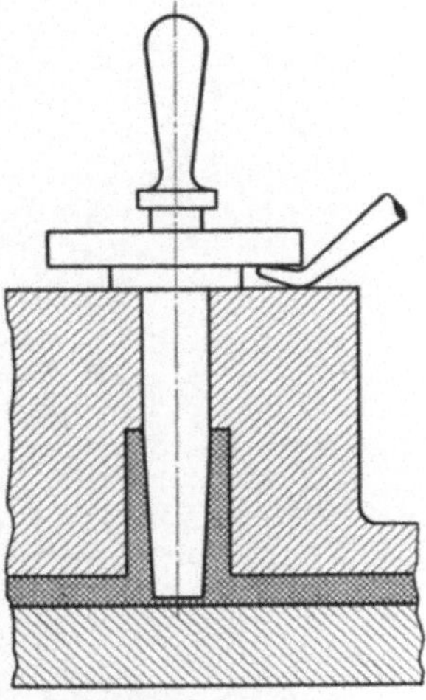

Abb. 9. Die linke Abbildung zeigt die Entlüftung einer Form für Schalenguß. Die links dargestellten Einsatzteile sind so eingebaut, daß eine bequeme Reinigung der Kokille stattfinden kann. Die Trennflächen der Kokille sind gerieft oder geschlitzt, um ein einwandfreies Entweichen der Luft zu ermöglichen.
Die rechte Abbildung zeigt die richtige Ausbildung eines Kerns und das Ziehen des Kerns.

β) Schalenguß. Bei größeren Stückzahlen und bei Stücken, an die größere Ansprüche an Maßhaltigkeit, Oberflächengüte und Festigkeit gestellt werden, wird der Schalenguß angewandt. Als Formbaustoff benutzt man entweder einen dichten, weichen Grauguß oder legierte Stähle, und zwar reine Chromstähle mit etwa 13% Cr, ECN 35 oder VCN 45, oder Chrom-Wolframstähle mit 0,25% C, 3,5% Cr, 9% W oder mit 0,65 C, 4% Cr, 10% W. Letztere Stähle sind besonders geeignet, da sie in der Anlaßwärme arbeiten und demzufolge bei der Gießtemperatur keinerlei Gefügeänderung erfahren; außerdem verhindern sie das Anbrennen. Mit Rücksicht auf die Kosten der Form ist auf möglichst einfache

Formgebung besonderer Wert zu legen. Wie bei Sandguß soll steigend gegossen und der Anguß an vielen Stellen des Gußstückes herangeführt werden. Die Entlüftung der Form geschieht entweder durch Steiger oder durch besondere Luftkanäle, die in den Teilungsflächen angeordnet sind. Bei besonders schwieriger Entlüftung sind besondere Einsatzstücke zur Luftabführung vorzusehen (Abb. 9). Das Öffnen und Schließen der Kokillen erfolgt von Hand oder mit Maschinen (Abb. 10). Vor dem Gießen werden die Kokillen mit einer Schlichte oder mit

Abb. 10. Das Öffnen und Schließen der Form, sowie Ziehen der Kerne geschieht von Hand. Die Unterschneidung des Kernes wird durch einen eingesetzten Schwalbenschwanz-Stempel ermöglicht (liegt im Bild zwischen Gehäuse und Kern), der nach Freilegen des Gußstückes aus der unterschnittenen Partie herausgenommen werden kann. (Metallgesellschaft.)

einer in Wasser geschlämmten Graphitschwärze bei etwa 100° ausgestrichen und auf etwa 200° vorgewärmt.

Benutzt werden als Legierungen vorwiegend: G Al–Si, G Al–Cu, G Al–Mg–Si und die Sonderlegierungen für Leichtmetallkolben: variierte amerikanische Legierung, Nelson-Bohnalite, Y-Legierung, RR 53, RR 59, Titanal, KS 245, KS 280, KS 1275, Alusil, EC 124, Nüral 132 und Low Ex. Alle diese Legierungen zeichnen sich durch gute Formfülligkeit, geringes Schwindmaß und hohe Warmfestigkeit vor den anderen Aluminium-Legierungen aus und sind deshalb besonders für den Kokillenguß geeignet.

Zahlentafel 4.

Leichtmetall-Spritzgußlegierungen

Werkstoffe

DIN 1744

Bezeichnung einer Aluminium-Spritzgußlegierung mit Kupfer- und Siliziumgehalt: Sg Al-Cu-Si DIN 1744

Benennung	Kurzzeichen	Zusammensetzung %						Zulässige Beimengungen %			Zugfestigkeit[1] σB	Bruchdehnung[1] σ10	Brinellhärte[1] H 5/250/30	Gewicht	Richtlinien für die Verwendung
		Al	Cu	Ni	Mn	Si	Mg	Fe	Cu	Zn+ Sn+ Cd+ Li+ Ti+ Sb	kg/mm²	%	kg/mm²	kg/dm³ ~	
Aluminium-Spritzgußlegierung mit Kupfergehalt	**Sg Al-Cu**	92 bis 94	6 bis 8	—	—	—	—	2,5	—		18 bis 23	2 bis 1,5	60 bis 75	2,9	Einfache, dickwandige Gußstücke mit guter Festigkeit
Aluminium-Spritzgußlegierung mit Kupfer- u. Siliziumgehalt	**Sg Al-Cu-Si**	90 bis 92,5	6 bis 8	—	—	1,5 bis 2	—	2,5	—		20 bis 25	1,5 bis 1	70 bis 90	2,9	
Aluminium-Spritzgußlegierung mit Kupfer- und Nickelgehalt	**Sg Al-Cu-Ni**	92 bis 94	4,5 bis 6	1,5 bis 2	—	—	—	2,5	—		19 bis 24	2,6 bis 1,6	70 bis 90	2,9	
Aluminium-Spritzgußlegierung mit Siliziumgehalt	**Sg Al-Si**	89,3 bis 91.5	—	—	0,5 bis 0,7	8 bis 10	—	1,8	0,2	2[2]	20 bis 25	2,2 bis 1,6	70 bis 90	2,7	Dünnwandige, schwierig herstellbare Gußstücke. Die Legierungen Sg Al-Si (ohne Kupferzusatz) und Sg Al-Mg sind gut korrosionsbeständig Sg Al-Mg ist außerdem zu Dauerglanz polierfähig
Aluminium-Spritzgußlegierung mit Silizium u. Kupfergehalt	**Sg Al-Si-Cu**	90 bis 94	2,5 bis 4	—	—	3,5 bis 6	—	2,5	—		20 bis 24	2,2 bis 1,8	60 bis 70	2,8	
Aluminium-Spritzgußlegierung mit Magnesiumgehalt	**Sg Al-Mg**	88,5 bis 96	—	—	0 bis 0,8	0 bis 1,2	4 bis 9,5	1,8	0,2		20 bis 24	2 bis 1	70 bis 90	2,6	
Magnesium-Spritzgußlegierung	**Sg Mg-Al-Zn**	Al 8 bis 10		Zn 0,2 bis 1	Mn 0,1 bis 0,5	Mg 88,5 bis 91,7	—				18 bis 20	2 bis 1	60 bis 70	1,8	Für dünnwandige, schwierig herstellbare sowie besonders leichte Gußstücke

Für einige dieser Legierungen oder für ihre Anwendung bestehen im In- und Auslande gewerbliche Schutzrechte oder Anmeldungen hierfür.

[1] Richtwerte.

[2] Nach den Sondererfahrungen des Herstellers.

Zahlentafel 4 (Fortsetzung).

Gießtechnische Angaben [3]

Legierungen mit dem Grundstoff	Erreichbare Genauigkeit des Sollmaßes [4]	Mindestwanddicke je nach Stückgröße und Gestalt mm	Eingegossene Löcher nicht durchgehend größte Tiefe	durchgehend größte Länge	Durchmesser mindestens mm	Verjüngung der Kerne in % der Länge je nach Stückgröße und Gestalt mindestens
Aluminium	bis 15 mm: ±0,03 mm über 15 mm: ±0,20%	1 bis 3	3 × Dmr.	4 × Dmr.	2,5	0,8
Magnesium	bis 13,5 mm: ±0,02 mm über 13,5 mm: ± 0,15 %	1 bis 3	3 × Dmr.	4 × Dmr.	2	0,5

[3] Richtwerte. In besonderen Fällen empfiehlt es sich, den Rat der Spritzgießerei einzuholen.

[4] Für Maße, die von beweglichen Formteilen begrenzt sind, ist die erreichbare Genauigkeit je nach Stückgröße und Gestalt geringer.

Bei der Verarbeitung der Legierungen im Preßgut-Verfahren gelten für die chemische Zusammensetzung und die mechanisch-technologischen Eigenschaften Sonderwerte, die mit den Herstellern zu vereinbaren sind.

Probestab. Maße in mm.

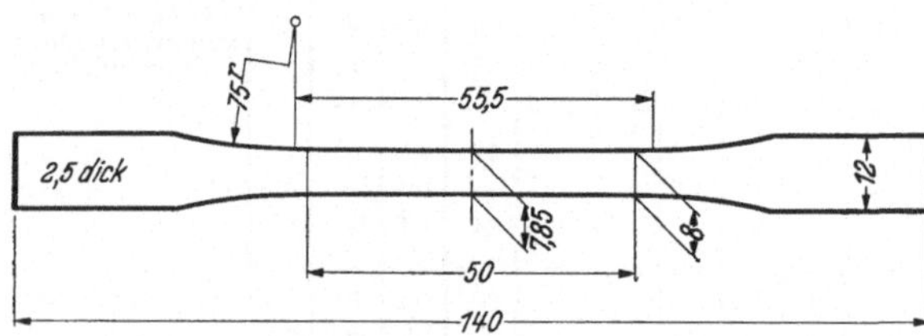

Die Festigkeitswerte der Legierungen werden an gesondert gegossenen Probestäben von 7,85 mm × 2,5 mm = 19,63 mm² Querschnitt (vgl. Bild) ermittelt. Die Brinellhärte wird zweckmäßig an den Stabköpfen festgestellt. Es kann nicht erwartet werden, daß auch im Gußstück selbst an allen Stellen diese Zahlenwerte erreicht werden.

Die Schmelzöfen der Kokillengießerei haben Graphittiegel und werden mit Gas, Öl oder Elektrizität beheizt. Sie müssen eine besonders genaue Temperaturregelung gewährleisten, da sie außer zum Schmelzen zum Warmhalten größerer Metallmengen dienen.

Die Maßhaltigkeit des Kokillengusses ist gegenüber dem Sandguß bedeutend größer. Es darf gesetzt werden für Außendurchmesser bis 100 mm ein Grenzmaß von ± 0,1, für 500—1000 mm Außendurchmesser Grenzmaße von ± 0,5 bis ± 0,8 bis ± 1; für Löcher und Kerne betragen die Grenzmaße bis 10 mm Innen- und Außendurchmesser ± 0,1, für 50 mm Innen- und Außendurchmesser ± 0,2 und bis 100 mm Innen- und Außendurchmesser ± 0,25; der Anzug soll bei Seitenwänden ab 30 mm 0,2 mm betragen, bei Bohrungen bis 30 mm Tiefe 0,15 mm und bei Bohrungen über 30 mm Tiefe 0,3 mm.

Die Putzarbeiten sind bei Kokillenguß bedeutend geringer als bei Sandguß; Eingüsse und Steiger werden wie bei Sandguß durch schnellaufende Bandsägen entfernt, die Grate durch Meißeln. Bei sehr großen Stückzahlen werden Grate, Angüsse und Steiger abgestanzt. Der Kokillenguß ergibt in jedem Falle bei Verwendung geeigneter Legierungen besonders dichte, blasenfreie und von Mikrolunkern freie Gußstücke. Letzterer Umstand ist besonders für alle Teile wichtig, die noch einer Oberflächen-Nachbehandlung unterworfen werden sollen.

γ) Spritzguß. Für Massenartikel im Stückgewicht von 0,5—3500 g eignet sich die Spritzgußtechnik ganz besonders. Wenn auch mit Ausnahme der zinkhaltigen Legierungen sämtliche in DIN 1713 aufgeführten Gußlegierungen verspritzt werden können, so eignen sich doch besonders die in DIN 1744 zusammengefaßten Legierungen (Zahlentafel 4, S. 25 u. 26.) Von diesen ist am weitesten verbreitet die Legierung 2. Bei ihr kann durch Verringerung des Kupfergehaltes die Bruchdehnung erhöht und durch Steigerung des Siliziumgehaltes die Dünnflüssigkeit und Formfülligkeit gesteigert werden, so daß auch sehr verwickelt aufgebaute Spritzgußteile mit geringen Wandstärken einwandfrei auslaufen.

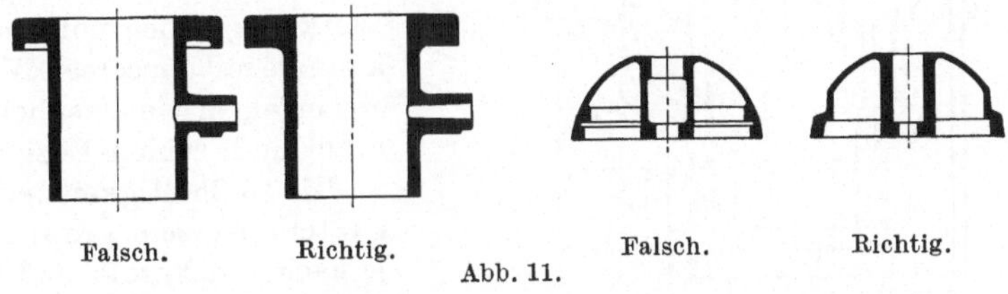

Abb. 11.

Auf größte Reinheit ist besonders zu achten, da vor allem Zink und Zinn bis zu 0,3% die Legierung dickflüssiger machen; Eisen darf bis zu 2,5% vorhanden sein, da seine aushärtende Wirkung durch Mangan bis zu einem gewissen Umfang aufgehoben werden kann.

Bei der Formgebung ist neben den allgemeinen Formgebungsregeln besonders zu beachten: 1. Unterschneidungen sind in Gußstückhohlräumen zu vermeiden, da sie nicht nur durch mehrfache Unterteilung der Kerne die Formen unnötig verteuern, sondern auch die Innenwandungen nicht so glatt ausfallen können (Abb. 11). 2. Alle Bohrungen müssen genügend konisch sein — 1—2% der Bohrungslänge —, um ein einwandfreies und rillenfreies Ziehen der Kerne zu ermöglichen. 3. Die Aushebeschräge soll mindestens 1% betragen. 4. Plötzliche Übergänge und scharfe Ecken sind zu vermeiden, da sie Anlaß zu Lunkern, Kantenrissen und infolge von Spannungsanhäufungen Veranlassung zu Dauerbrüchen geben. 5. Gründliches Verrippen mit gleicher Wandstärke ergibt bedeutend bessere mechanische Festigkeiten als dicke Wandstärken und wenig oder gar keine Rippen. Im ersten Falle sind die Erstarrungsvorgänge sehr gleichmäßig und ergeben ein dichtes, feines Gefüge.

Die Formenherstellung hat mit besonderer Sorgfalt zu geschehen; benutzt werden dieselben Stähle wie beim Kokillenguß. Auf besonders gießgerechte Teilung der Form ist bei der Anordnung des Spritzgußteils in der Form besonderer Wert zu legen.

Verarbeitet werden alle Spritzgußlegierungen auf Preßluft-Gießmaschinen mit Drücken von 20—40 at oder auf Kolbenspritz-Gußmaschinen (Abb. 12), bei denen die Legierung im dickflüssigen Zustand — also bei niedrigerer Temperatur als vorher — schußweise aufgegeben wird. Vor dem Gießen werden die Formen mit Preßluft ausgeblasen oder mit reinem Petroleum ausgespritzt.

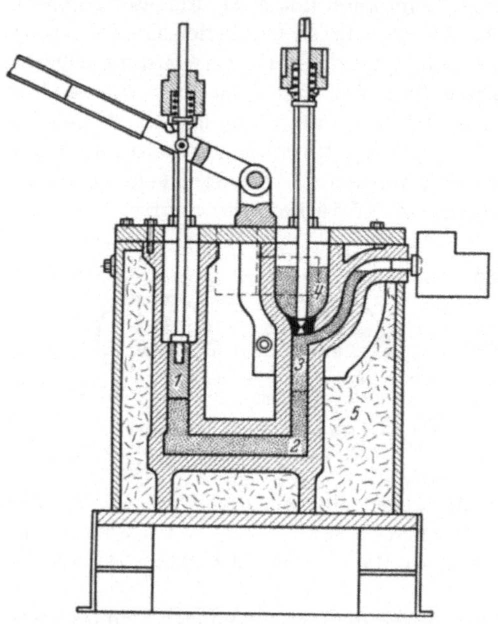

Abb. 12. Kolben-Spritzgußmaschine mit Bleivorlage zum Verspritzen von Aluminium und Aluminiumlegierungen.
1 = Druck-Kolben
2 = Flüssige Bleivorlage
3 = Flüssiges Spritzmetall
4 = Vorratsbehälter für das flüssige Spritzmetall
5 = Wärmeisolierung

Das Putzen beschränkt sich auf das Entfernen der Grate und der Angüsse. Ist eine Bearbeitung durch spanende Werkzeuge noch notwendig, so kann sie mit denselben Werkzeugen erfolgen wie sonst bei Aluminium und seinen Legierungen.

Die Maßhaltigkeit der Spritzgußteile ist sehr groß; sie liegt je nach Stückgröße und Gestalt zwischen $\pm$ 0,15 bis $\pm$ 0,25 % der Sollmaße. Die Stückgröße wird auf etwa 0,5 $\times$ 0,5 m² Fläche zu begrenzen sein.

Die Spritzgußteile lassen sich nach den üblichen Oberflächen-Behandlungsverfahren besonders gut verarbeiten (siehe Oberflächenbehandlung von Aluminium und seinen Legierungen). Die korrosionsbeständigen Legierungen — besonders Hydronalium DIN 1713 B 7 — und ähnlich aufgebaute Legierungen ergeben Spritzgußteile von sehr hoher Polierfähigkeit, so daß eine besondere Nachbehandlung im allgemeinen nicht notwendig sein wird.

Die teueren Formen erfordern selbstverständlich große Stückzahlen, so daß das Anwendungsgebiet des Spritzgusses vor allen Dingen der Apparatebau, Schreib- und Büromaschinenbau, Elektromotorenbau, die Fahrzeugindustrie u. a. sind. Jedoch ist zu beachten, daß bei sehr verwickelt aufgebauten Stücken, deren Herstellung nach den anderen Gießverfahren sehr umständlich ist und große Nachbearbeitungen erforderlich macht, auch schon von 100 Stück ab der Spritzguß mit Vorteil anzuwenden ist.

Werden aushärtbare Spritzgußlegierungen — G Al–Si, G Al–Si–Cu und G Al–Cu–Ni — verwendet, so werden die Spritzgußteile nach entsprechender Entgratung und Bearbeitung lediglich auf 150° angelassen und im kalten Wasser abgeschreckt. Die sonst notwendige Vorerwärmung auf die Aushärtetemperatur — 440—485° — kann bei den Spritzgußteilen wegfallen, da sie infolge Verwendung gekühlter Stahlformen bereits während des Erstarrens unterkühlt, also abgeschreckt wurden. Durch dieses Aushärten lassen sich Festigkeiten bis zu 32—35 kg/mm² (am Zerreißstab gemessen) erreichen.

Abb. 13. Preßguß-Maschine Bauart Schuler-Polak. Type 600 und 900.

Größter Betriebsdruck:	120 atü	
	Type 600	Type 900
Formenschließdruck	70 t	120 t
Größter Leichtmetallteil	0,5—0,8 kg	2 kg
Stückzahl	3—10/min	2—6/min

Antrieb hydraulisch. (Gebr. Schuler.)

δ) Preßguß. Für Massenartikel, an die besonders hohe Festigkeitsansprüche gestellt werden, wird der von Polak angegebene Preßguß in steigendem Umfange benutzt. Der Preßguß liefert Gußstücke, bei denen der Gefügeaufbau bedeutend feiner und dichter als beim Spritzguß ist und demzufolge die Festigkeitseigenschaften noch bedeutend bessere sind als beim Spritzguß. Für den Preßguß werden dieselben Legierungen benutzt wie beim Spritzguß. Ebenso sind die Formbaustoffe die gleichen. Der Preßgußvorgang besteht darin, daß das dickflüssige Material unter sehr hohem Druck in die Form eingepreßt wird und unter diesem Druck erstarrt. Die Abb. 13 und 14 zeigen den grundsätzlichen Aufbau der Maschinen und die Arbeitsweise.

Der Preßguß liefert Teile von ganz besonders dichter und sauberer Oberfläche, so daß genau wie bei Spritzguß eine Nachbehandlung besonders günstige Ergebnisse zeigt. Die korrosionsbeständigen Legierungen ergeben, nach dem Preßgußverfahren verarbeitet, Teile von besonders hoher Politurfähigkeit und Politurbeständigkeit.

Werden aushärtbare Aluminium-Legierungen benutzt, so gilt für die Nachbehandlung der Teile dasselbe wie bei Spritzguß.

Mit Rücksicht auf die hohen Formkosten und hohen Maschinenkosten wird der Preßguß wie der Spritzguß entweder nur für ausgesprochene Massenfertigung oder für besonders verwickelte Teile (Abb. 15a—d) zu verwenden sein, bei denen der hohe Formkostenanteil durch sehr beträchtliche Ersparnisse an spanender Nacharbeit wirtschaftlich tragbar wird.

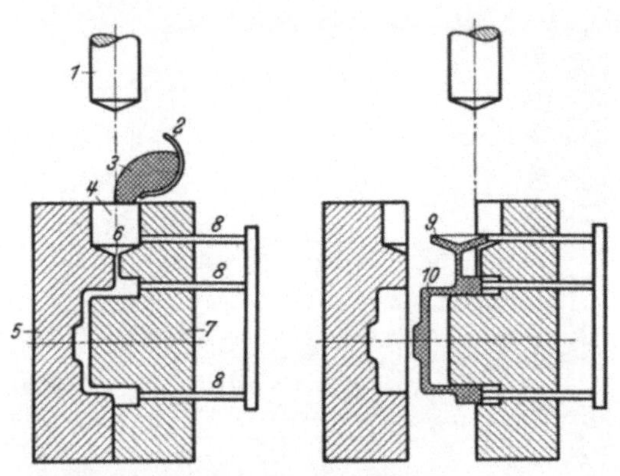

Abb. 14.
Arbeitsweise der Preßgußmaschine Bauart Schuler-Polak.
Linke Abb. Arbeitsstellung. Rechte Abb. Auswurfstellung.

1 Preßkolben	6 Einguß
2 Gießlöffel	7 Formoberteil
3 Gußmetall (halbflüssig)	8 Auswerferstifte
4 Preßkammer	9 Metallrest
5 Formunterteil	10 Preßgußteil.

b) Die Warmformgebung des Aluminiums und seiner Legierungen.

Die Warmformgebung erfolgt bei Reinaluminium und allen knetbaren Aluminium-Legierungen durch Schmieden, Pressen, Gesenkschmieden, Strangpressen, Walzen und Warmziehen. Die Legierungen sind nach dem beabsichtigten Verwendungszweck auszuwählen; DIN 1713 gibt dafür Vorschläge. Bei allen Warmformgebungsarbeiten ist Über- und Unterschreitung der für den Werkstoff festgelegten Temperaturen zu vermeiden mit Rücksicht auf die dabei eintretenden Gefügeänderungen und Verringerung der Festigkeitswerte usw.

Reinaluminium nach DIN 1712 wird in der handelsüblichen Form benutzt. Neben dem Hüttenaluminium wird neuerdings auch Aluminium mit 0,15 bis 0,25 Titanzusatz hergestellt, um lunker- und blasenfreie Blöcke zu bekommen. Auf die Verarbeitung hat dieser geringfügige Titanzusatz keinen Einfluß; aber die Leitfähigkeit wird herabgesetzt. Für Freileitungs- und Installationsmaterial darf kein Titan zugesetzt werden. Bei der Warmformgebung von Reinaluminium sind folgende Temperaturen einzuhalten: Schmieden und Pressen 350—500°; Gesenkschmieden 300—475°; Strangpressen rd. 500°; Walzen 500° beim Vorwalzen, 360—480° beim Fertigwalzen; Drahtwalzen 350—500°; Warmziehen

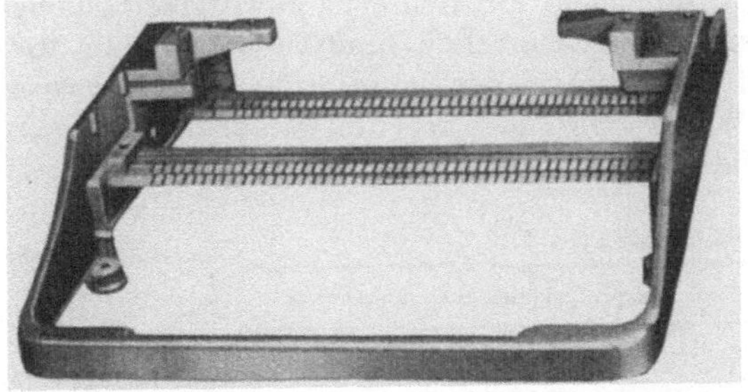

a) Grundgestell für eine Schreibmaschine. 500 Stck/8 h.

b) Teil für eine Rechenmaschine. 1600 Stck/8 h. (Gebr. Schuler)

c) Großer Rotor; Blechpakete eingepreßt; Füllung: Reinaluminium. 200—500 Stck/8 h.

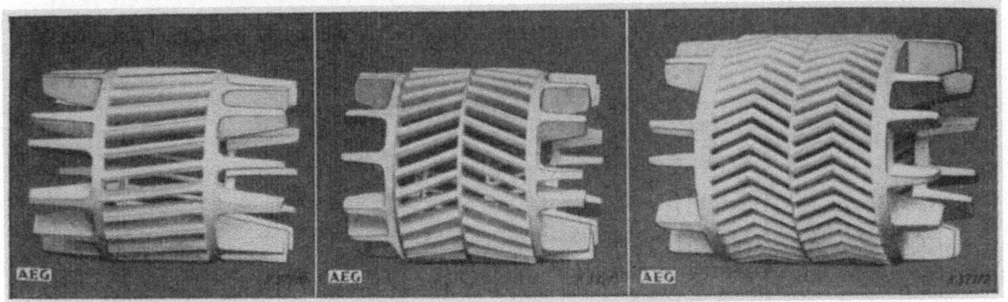

d) Drehstrom-Läuferkäfige aus Aluminium-Spritzguß bzw. Preßguß hergestellt. Blechpakete in allen Ausführungen eingegossen (in den Abbildungen im Säurebad weggebeizt).

Drehstrom-Läuferkäfig mit normalgeschränkten Läuferstäben. Drehstrom-Läuferkäfig aus einem Käfigläufer mit zwei gestaffelten Läuferblechpaketen für kleinste Leistungen. Drehstrom-Läuferkäfig aus einem Käfigläufer mit vier gestaffelten Läuferpaketen für größere Leistungen.

Abb. 15 a—d. Bemerkenswerte Preßgußteile aus Aluminium bzw. Aluminium-Legierungen.

rd. 400—500°. Mit Rücksicht auf den sehr günstigen Stauchgrad von Reinaluminium kann mit großer Querschnittsänderung gearbeitet werden, und beim Strangpressen und Gesenkschmieden lassen sich auch schwierigere Formen herstellen. Bei allen Warmverformungsarbeiten ist neben sorgfältiger Temperaturkontrolle auf sauberstes Werkzeug, einwandfreie Schmiermittel besonders zu achten, um einwandfreie Erzeugnisse zu erhalten. Nach der Warmverformung wird in 10—20proz. wäßrigen Lösungen von Ätznatron oder kaustischer Soda gebeizt, gründlichst mit Wasser nachgespült, in 20—30proz. wäßriger Salpetersäurelösung nachgetaucht und nochmals gründlich mit Wasser nachgespült. Beim Beizen kommen alle Verarbeitungsfehler zutage, so daß es ein einfaches Mittel zur Gütefeststellung ist.

Zahlentafel 5.

Werkstoff	Warmformgebungstemperaturen	
Rein-Aluminium	300—500°	
Al—Cu—Mg	400—500°	bis 300° möglich, mehrfaches Vorglühen bei 500 bis 520° erforderlich
Al—Cu—Ni	350—480° (500°);	
Al—Cu	420—480°	
	360—400—440°	
Al—Mg—Si	400—460—500°	
	450—480—500°	
Al—Mg	320—440°	
Al—Mg—Mn	350—400—450°	
Al—Si	400—460—500°	
Al—Mn	350—480—520°	

Die Aluminium-Knetlegierungen werden nach DIN 1713 in denselben Lieferformen wie Reinaluminium geliefert. Die Verformungstemperatur und Verformungsgeschwindigkeit ist je nach der Legierungszusammensetzung verschieden (s. Zahlentafel 5).

Den Einfluß der Legierungsbestandteile auf die Verformungsfähigkeit zeigt nachstehende Zahlentafel:

Zahlentafel 6.

Legierungsbestandteile	Verformungswiderstand	Stauchgrad	Stauchdruck	Verformungsgeschwindigkeit
Kupfer	wird erhöht	wird vermindert	wird erhöht	wird vermindert
Mangan	wird stark erhöht	wird stark vermindert	wird stark erhöht	wird stark vermindert
Magnesium + Silizium	wird wenig erhöht	wird wenig vermindert	wird erhöht	wird vermindert
Kupfer + Magnesium + Mangan	wird sehr stark erhöht	wird sehr stark vermindert	wird sehr stark erhöht	wird stark vermindert
Magnesium über 5%	wird besonders stark erhöht	wird sehr stark vermindert	wird sehr stark erhöht	wird sehr stark vermindert

Besondere Verformungsschwierigkeiten machen die Al–Mg-Legierungen, während die Legierungen Al–Mg–Si nur wenig schwerer zu verformen sind als Reinaluminium. Vorpressen wandelt das Gefüge leichter um als Schmieden und Walzen; es empfiehlt sich, die schwer verformbaren Legierungen vor dem Walzen und Schmieden vorzupressen. Die Verformungstemperatur soll so hoch liegen, daß bei der Verformung Rekristallisation und damit keine Verfestigung eintritt. Die Walztechnik ist bei allen Aluminium-Legierungen die gleiche; mit besonderer Sauberkeit und Sorgfalt ist beim Walzen von Feinblechen vorzugehen. Beim Gesenkschmieden ist größerer Anzug als beim gleichen Stück aus Stahl vorzusehen; die Gesenke werden am besten aus Chrom-Wolfram-Stählen mit rd. 10% W und 8% Cr hergestellt. Die Hammerbärmasse muß um 30—40% größer sein als bei Stahl, um einwandfreies Einschmiegen in das Gesenk zu ermöglichen. Selbstverständlich lassen sich auch alle Profilbleche in Aluminium und Aluminium-Legierungen herstellen.

Eine sehr wichtige Warmverformung ist das Strangpressen. Aus sauber abgeschruppten Rundblöcken werden bei rd. 500° Preßtemperatur in liegenden Pressen mit Arbeitsdrücken von 1000—3000 t strangförmige Profile aller Abmessungen und Querschnitte, auch Hohlprofile und Rohre, hergestellt. Der spezifische Druck beträgt dabei mehrere 1000 at und ist abhängig von der Form und dem Querschnitt des Profils und von der Legierung. Der hohe Druck erlaubt auch sehr verwickelte Querschnitte herzustellen — auch mit ganz scharfen Ecken —, vor allem Querschnitte, die durch Walzen nicht angefertigt werden können. Sie finden als Vorprofile für Gesenkschmiedestücke, als Profile im Flugzeugbau, Luftschiffbau, Ladenbau, Fahrzeugbau, Baugewerbe sehr viel Verwendung. Wenn notwendig, können die stranggepreßten Profile auch kalt nachgezogen werden. Sie lassen sich wegen ihrer glatten, dichten Oberfläche vorzüglich schleifen und polieren. Durch Warmziehen werden aus Blechzuschnitten und Bändern Profile hergestellt. Das weichgeglühte Blech oder Band wird je nach dem Querschnitt des Profils durch mehrere Zieheisen — die vom Vorprofil bis zum fertigen Profil abgestuft sind — in einem Arbeitsgang hindurchgezogen. Wegen der Kantenempfindlichkeit sind die Biegeradien an den Ecken mindestens = 2 × Blechstärke zu wählen. Je nach dem Grad der Verformung werden die Walz- und Preßerzeugnisse geliefert: weich, halbhart, hart, federhart, evtl. ausgehärtet, gegebenenfalls auch noch kalt verdichtet, so daß sie dem Verwendungszweck weitgehendst angepaßt sind.

c) Die Kaltverformung des Aluminiums und seiner Legierungen.

Reinaluminium läßt sich im weichgeglühten Zustand sehr gut kalt verformen. Dünne Bleche, Bänder und Folien können in durchaus einwandfreier Güte hergestellt werden. Das Tiefziehen ist besser als bei Kupfer und Kupferlegierungen möglich; ebenso können schwierige Drück- und Treibarbeiten durchgeführt werden. Zwischenglühungen sind je nach dem beabsichtigten Verformungsgrad notwendig, um die durch die Kaltverformung hervorgerufene starke Verfestigung — Härtesteigerung, Festigkeitszunahme, Dehnungsabnahme — rückgängig zu machen. Außerdem tritt durch das Zwischenglühen eine Rekristallisation auf, die die für die Weiterverarbeitung notwendige Kornverfeinerung ergibt. Die Rekristallisationstemperatur liegt um so tiefer, je stärker der Kaltreckgrad gewesen ist. Kaltreckgrade zwischen 5 und 20% und gleiche Verformungsgeschwindigkeiten sind zu vermeiden, da sie grobes Korn bei der Rekristallisation ergeben. Wegen der Einreißgefahr sind scharfe Ecken und Kanten bei den vorgenannten Arbeiten zu vermeiden.

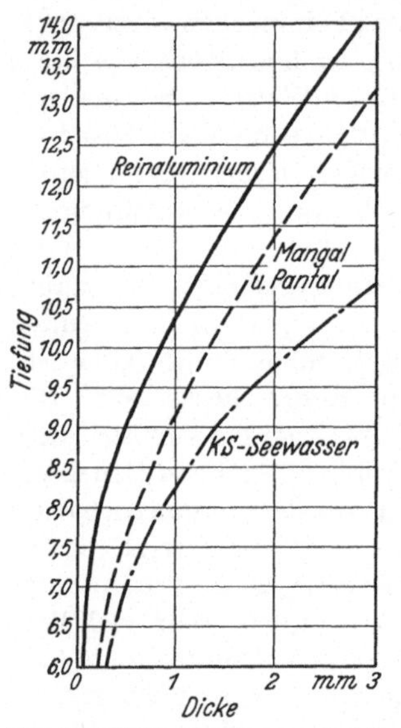

Abb. 16. Tiefungswerte von weichgeglühtem Al und Al-Legierungen.

Zwischen- und Endglühungen müssen so durchgeführt werden, daß die notwendige Rekristallisationstemperatur möglichst schnell erreicht wird. Dies geschieht durch Eintauchen in Salzbäder oder durch Glühen in elektrisch beheizten Öfen mit Luftumwälzung bei 350—450°. Bei einem Kaltreckgrad von 70—90° liegt die Weichglühtemperatur zwischen 360 und 400°. Bleche mit besonders hoher chemischer Beständigkeit werden bei 450—500° weichgeglüht. Die Aluminium-Legierungen verhalten sich bei der Rekristallisation ähnlich wie Reinaluminium, wobei geringe Zusätze von Titan und Magnesium stark kornverfeinernd wirken. Silizium setzt in höheren Gehalten die Rekristallisationstemperatur herunter. Alle Legierungsbestandteile, die mit dem Aluminium Mischkristalle bilden, setzen die Rekristallisationstemperatur herauf.

Alle Aluminium-Legierungen lassen sich kalt nach denselben Verfahren verformen wie Reinaluminium. Weichere Legierungen haben höhere Verformungsgrade — 60—90%, härtere Aluminium-Legierungen haben geringere Verformungsgrade — 30—60%. Weichgeglühte Legierungen werden gegen der höheren Verformungsgrade bevorzugt (Abb. 16). Bei aushärtbaren Legierungen werden die Kaltverformungen vorgenommen: a) bei den natürlich alternden Legierungen erst nach restlos erfolgter Aushärtung, da die unmittelbar nach dem Abschrecken vorgenommene Kaltverformung starke Verminderung der Aushärtefestigkeit bewirkt; b) bei den künstlich alternden Legierungen unmittelbar nach dem Abschrecken, also vor dem Anlassen. Beim Kaltbiegen sollen die Biegungshalbmesser bei weichen Aluminium-Legierungen mindestens 4—8 × Wandstärke betragen, bei härteren Aluminium-Legierungen mindestens 5—10 ×

Wandstärke. Die Verformung durch Kaltziehen zur Profilherstellung zeigt Abb. 17.

Die Leit-Legierungen der Gattung Al–Mg–Si–Aldrey werden nach erfolgter Aushärtung stark verformt. Durch das nachfolgende Anlassen sinkt ihre Festigkeit zwar stark ab, ihre Leitfähigkeit dagegen wird bedeutend erhöht. Die Drahtherstellung für Reinaluminiumdrähte geschieht durch Warmwalzen bis auf 10—12 mm Durchmesser, dann durch Kaltziehen mit großem Abnahmekoeffizienten und hoher Ziehgeschwindigkeit. Bei Aldrey muß mit geringerem Abnahmekoeffizienten und kleinerer Ziehgeschwindigkeit wegen des kleineren Kaltreckgrades gearbeitet werden (Leit-Legierungen s. Zahlentafel 6).

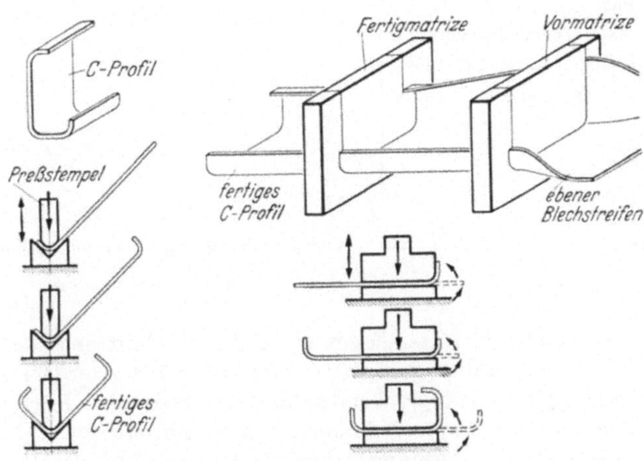

Abb. 17. Werdegang eines C-Profils.
Links und unten: Herstellung durch Pressen.
Rechts oben: Herstellung durch Ziehen in zwei Matrizen.

Falz- und Bördelarbeiten können mit den sonst in der Metallbearbeitung üblichen Maschinen und Werkzeugen vorgenommen werden. Beim Rohrbiegen muß der Biegungshalbmesser mindestens 6 × Rohrdurchmesser sein. Für kleinere Biegungshalbmesser ist Warmbiegung mit Sandfüllung notwendig.

Aluminiumfolien werden nach dem Bandwalzverfahren in Stärken von 0,1—0,004 mm hergestellt bei einer Größtbreite von 750 mm und einer Größtlänge von 100 bis über 1000 m. Für Verpackungszwecke beträgt die Dicke gewöhnlich 0,009 mm (Stärke 9). Neben dem Bandwalzverfahren wird vereinzelt noch das Paket-Walzverfahren angewandt; es liefert die Formatfolien von 350×750 mm bzw. 450×750 mm bei gewöhnlich 0,009 mm = 9er Stärke. Noch geringere Stärken — Schaumaluminium, unechtes Blattsilber — bis zu 0,001 mm

Zahlentafel 7. Baustoffe für Freileitungen.

	Rein-Aluminium	Aldrey (Leitlegierung)	Stahl-Aluminium
Spezifisches Gewicht	2,7	2,7	3,45
Leitfähigkeit bei 20° $\frac{\text{m}}{\text{Ohm} \cdot \text{mm}^2}$	34,8	30	34,8∅
Spez. Widerstand 20° $\frac{\text{Ohm} \cdot \text{mm}^2}{\text{m}}$	0,0287	0,0333	0,0287 ∅
Temperaturkoeffizient je 10° C	0,004	0,0036	0,004 ∅
Reißlänge F in m:			
ohne Vorlast	6670	11100	8700 *x*
mit Vorlast	2350	4330	3850 *x*
Zulässige Zugspannung kg/mm²	8	13	11
Zulässiger Mindestquerschnitt mm²	25	25	15
Verhältniszahlen gegenüber Kupfer = 1:			
Leitfähigkeit	0,63	0,54	0,63 ∅
Querschnitt	1,60	1,86	1,60 ∅
Gewicht	0,50	0,564	0,62 x

F = Reißlänge = $\frac{\text{Bruchlast}}{\text{Gewicht je lfd/m}}$. ∅ = nur für den Aluminium-Mantel.

Vorlast nach VDE-Normen. x = für das vollständige Seil.

und darunter werden durch Ausschlagen von Folienabschnitten mit dem Hammer hergestellt. Die Folien werden mit matter und hochglänzender Oberfläche, glatt und gemustert hergestellt, entsprechend gefärbt und bedruckt. Für Verpackungszwecke werden sie auf Papier, Zellophan u. a. mit Kleister, Paraffin, Bitumen u. a. aufgeklebt — kaschierte Folien. Die Stärke der Folien wird gewöhnlich in tausendstel Millimeter (μ) angegeben, seltener durch das Gewicht eines Quadratmeters oder der Anzahl der Quadratmeter je Kilogramm. Für bestimmte Zwecke kann die Folie noch mit chemisch widerstandsfähigen Stoffen überzogen bzw. mit einem chemisch widerstandsfähigen Klebstoff aufkaschiert werden. Wegen ihres schönen und gefälligen Aussehens, ihrer guten Luftbeständigkeit, ihrer großen Geschmeidigkeit verdrängen und ersetzen die Aluminiumfolien mehr und mehr die Zinnfolien; außerdem werden sie in der Radioindustrie zum Bau von Kondensatoren und in der Isoliertechnik in immer größerem Umfange benutzt.

4. Die Aushärtung von Aluminium-Legierungen.

Die zuerst von Wilm am Duralumin festgestellte Aushärtbarkeit oder Vergütbarkeit ist für die Aluminium-Legierungen von besonderer Bedeutung geworden. Sie hat die Entwicklung der hochstahlfesten Aluminium-Legierungen überhaupt erst ermöglicht. Bedingung für die Aushärtbarkeit ist eine bestimmte Legierungszusammensetzung und ein dadurch bedingter Gefügeaufbau. Das Aushärten ist eine bestimmt durchgeführte Warmbehandlung und besteht:

1. In einem Glühen bei einer für die Legierung charakteristischen Temperatur (Abschrecktemperatur);
2. in nachfolgendem, schroffem Abkühlen (Abschrecken) in kaltem Wasser;
3. in nachfolgendem Altern bei niedriger Temperatur (Aushärtetemperatur); geht diese Alterung ohne nochmaliges Erhitzen und Abschrecken bei Zimmertemperatur vor sich, so heißen die Legierungen selbstalternde oder natürlich alternde Legierungen; ist ein nochmaliges Erhitzen und Abschrecken notwendig, so heißen die Legierungen künstlich alternde Legierungen.

Die Glühtemperatur muß möglichst hoch gehalten werden, selbstverständlich aber unter der Schmelztemperatur liegen. Durch dieses Glühen wird von den härtenden Legierungsbestandteilen — Mg, Si, Cu, Mg + Si, Cu + Si, Mg + Cu + Ni — möglichst viel im Aluminium in feste Lösung als homogene Mischkristalle gebracht; bei dem Abschrecken bleiben diese homogenen Mischkristalle zunächst als übersättigte Mischkristalle bestehen. Die Umwandlung dieser übersättigten Mischkristalle erfolgt während des Alterns durch Ausscheidung des zuviel gelösten Härtebildners unter Bildung neuer Verbindungen.

Zu den natürlich alternden Legierungen gehören: Gattung A_1 — Al–Cu–Mg: Glühtemperatur 500—520°.

Zu den künstlich alternden Legierungen gehören:

Gattung	A_2 — Al—Cu—Ni:	Glühtemperatur	500—520°;	Alterungstemperatur	155—160°
,,	A_3 — Al—Cu:	,,	500—510°;	,,	125—135°
,,	A_4 — Al—Mg—Si:	,,	{540—560° 500—530°}	,,	155—160°
,,	B_3 — GAl—Cu—Ni:	,,	500—520°	,,	150—160°
,,	B_6 — GAl—Si—Mg:	,,	510—530°	,,	150—170°
,,	B_8 — GAl—Mg—Si:	,,	520—540°	,,	155—160°

Die Glüh- und Alterungstemperaturen müssen peinlichst genau eingehalten werden mit Grenzen von ∓5° beim Glühen und ∓2° beim Altern. Auf vollkommen gleichmäßiges Durchglühen ist besonderer Wert zu legen. Die Glühtemperaturen hängen auch noch etwas ab von dem Grade der Vorbehandlung des auszuhärtenden Teils. Ein Überschreiten der Temperatur begünstigt und beschleunigt das Inlösunggehen des Härtebildners, bewirkt aber Bildung groben Korns (Rekristallisation) und macht die Legierung spröde. Zu niedrige Temperatur verschleppt das Inlösunggehen und macht die Ausscheidungshärtung unmöglich. Der enge Temperaturbereich ist demnach zur Erreichung der Bestwerte notwendig. Das Glühen erfolgt gewöhnlich in Salzbadöfen mit Bädern aus Gemischen von Kali und Natronsalpeter, die den besten Temperaturausgleich ermöglichen. Die Glühdauer beträgt je nach Stückgröße und Stückform 15 min bis zu 2 Stunden. Unmittelbar nach dem Glühen hat das Abschrecken zu erfolgen, das schnellstens durchgeführt werden muß. Dickere Blech- und Rohrpakete sind zwecks gleichmäßiger Abkühlung aufzuteilen. Bei natürlicher Alterung bleiben die abgeschreckten Teile 2—8 Tage an der Luft liegen; dabei geht die Ausscheidung des zuviel gelösten Härtebildner und damit die Härtung von selbst vor sich (Abb. 18).

Nach 5—6 Tagen sind die Bestwerte erreicht. Bei der künstlichen Alterung werden die Teile auf die Anlaßtemperatur = Alterungstemperatur gleichmäßig erhitzt; dies geschieht entweder in Ölanlaßöfen oder in elektrisch beheizten Öfen

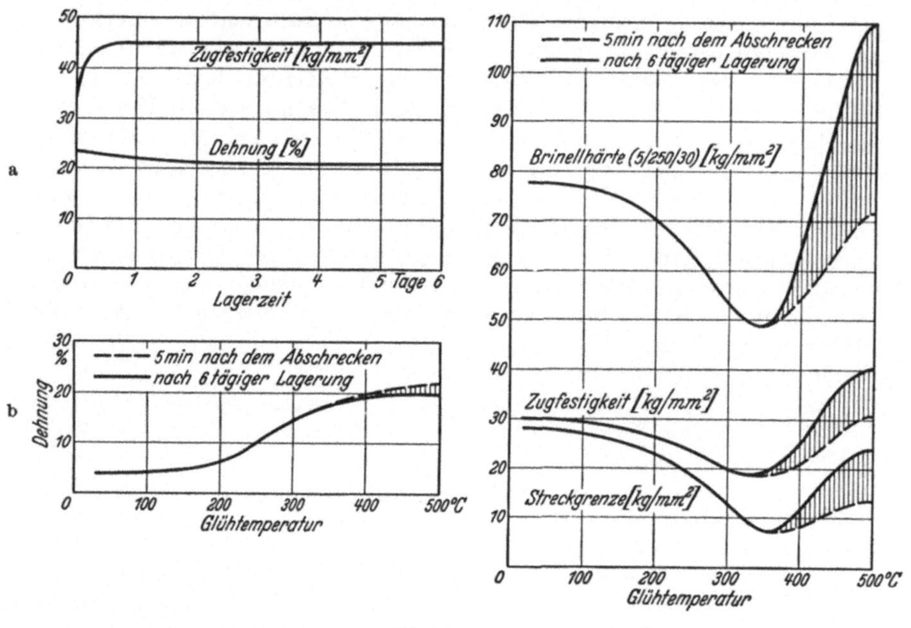

Abb. 18.

a) Festigkeit und Dehnung in Abhängigkeit von der Dauer der Lagerung.
b) Dehnung vor und nach dem Altern in Abhängigkeit von der Glühtemperatur.
c) Brinellhärte, Zugfestigkeit und Streckgrenze vor und nach dem Altern in Abhängigkeit von der Glühtemperatur.

mit Luftumwälzung. Die Anlaßdauer beträgt je nach der Legierung 10 bis 160 Stunden. Nach dem Abschrecken sind die Bestwerte erreicht. Sorgfältigste Temperaturüberwachung durch Pyrometer bzw. Thermoelemente ist unbedingt notwendig. Bedingung für eine gleichmäßige und gute Aushärtung ist bei den Knetlegierungen eine gründliche, durchgreifende Warmverformung vor der Vergütung; bei noch durchgeführter Kaltverformung werden die Bestwerte erreicht. Sämtliche umfangreiche Verformungsarbeiten werden bei den natürlich alternden Legierungen vor dem Abschrecken, bei den künstlich alternden Legierungen nach dem Abschrecken vor dem Anlassen durchgeführt. Kleinere Verformungsarbeiten werden entweder unmittelbar nach dem Abschrecken oder nach einer Lagerzeit von 24 Stunden ausgeführt. Kaltverformungen unmittelbar nach dem Abschrecken stören den Härtevorgang, vermindern die Güteeigenschaften und sind daher zu unterlassen. Bei Gußlegierungen, die infolge ihrer Zusammensetzung und ihres Gefügeaufbaus aushärtbar sind, werden infolge der verschiedenen Wandstärken und der dadurch bedingten verschiedenen Gefügeausbildung nicht so gleichmäßig aushärten als warm- bzw. warm- und kaltverformte Knetlegierungen. Mehrfache Durchführung der Aushärtebehandlung ist ohne Änderung der Festigkeitseigenschaften ohne weiteres möglich.

Da mit steigender Glühtemperatur (Abschrecktemperatur) bei entsprechendem Gehalt an Härtner-Legierungsbestandteilen die Sättigung der Mischkristalle zunimmt und damit bei der nachfolgenden Abschreckung und Alterung die Aushärteerscheinungen zunehmen und die Güteeigenschaften die Höchstwerte erreichen, soll die Abschrecktemperatur so hoch wie möglich gewählt werden.

Die Aushärtetemperatur beeinflußt die Härte, Festigkeit, Streckgrenze und das Formveränderungsvermögen. Mittlere Aushärtetemperaturen (Warmaushärtung) ergeben die Bestwerte der Härte, der Festigkeit und der Streckgrenze und bewirken starke Verminderung des Formveränderungsvermögens. Niedrige Aushärtetemperaturen (Kaltaushärtung) steigern ebenfalls die Festigkeitszahlen, ohne das Formveränderungsvermögen nennenswert zu beeinflussen. Bei hohen Aushärtetemperaturen wird das Gebiet der Erweichung erreicht, indem die Festigkeitseigenschaften stark abnehmen und das Formveränderungsvermögen stark zunimmt. Abkühlung auf tiefe Temperaturen ändert die Eigenschaften der ausgehärteten Teile nicht; dagegen wird auch bei vorübergehender Erhitzung eine Änderung der Eigenschaften herbeigeführt, deren Größe abhängig ist von der Höhe der Temperatur und der Dauer der Erwärmung: es tritt eine Entfestigung auf, die ihr Ende in den Festigkeitseigenschaften des ausgeglühten Werkstoffs findet. Die Aushärtung erfolgt bei Gußstücken nach dem Putzen und der spanenden Bearbeitung, bei warm- und kaltverformten Teilen nach der endgültigen Formgebung. Bei Profilen kann nach der Aushärtungsbehandlung noch durch Kaltziehen eine Nachverfestigung (Nachverdichtung) durchgeführt werden, durch die Zugfestigkeit und Streckgrenze erhöht, Dehnbarkeit und Verformbarkeit stark vermindert werden. Durch Erhitzen bis zur Abschrecktemperatur wird die Aushärtung rückgängig gemacht. Bei Überschreitung der Abschrecktemperatur wird die Legierung verbrannt und vollkommen unbrauchbar.

5. Spanende Formgebung von Aluminium und Aluminium-Legierungen.

Die spanende Formgebung des Aluminiums und seiner Legierungen ist mit Sonderwerkzeugen ohne weiteres gut und wirtschaftlich möglich. Bezüglich der

Bearbeitbarkeit stehen Aluminium und seine Legierungen zwischen Stahl und Holz. Dabei können 7 Klassen unterschieden werden: Klasse 1: Reinaluminium; Klasse 2: Aluminium-Knetlegierungen; Gattung A_7 und A_8; DIN 1713; Klasse 2a: Aluminium-Gußlegierungen; Gattung B_4 und B_8; DIN 1713; Klasse 3: Aluminium-Knetlegierungen; Gattung A_4, A_5 und A_6; DIN 1713; Klasse 3a: Aluminium-Gußlegierungen; Gattung B_7 und B_9; DIN 1713; Klasse 4: Aluminium-Knetlegierungen; Gattung A_1, A_2 und A_3; DIN 1713; Klasse 4a: Aluminium-Gußlegierungen; Gattung B_1, B_2, B_3, B_5 und B_6; DIN 1713.

Klasse 1 entspricht in bezug auf Leistungsbedarf dem normalen Stahl; Klasse 4a dem Holz; in bezug auf erreichbare Oberflächengüte sind die Klassen 4 und 4a am günstigsten. Stets sind Sonderwerkzeuge zu verwenden, da gewöhnliche, bei der Bearbeitung der anderen Metalle benutzte Werkzeuge 1. keinen einwandfreien Spanabfluß ermöglichen und damit unsaubere Oberflächen ergeben, 2. ihre Schneiden infolge der stark schleißenden und schleifenden Wirkung der Leichtmetallspäne sehr bald zerstört sein würden (besonders stark zerstörend wirken die hoch Si-haltigen Legierungen der Gattungen B_4, B_5 und B_6 DIN 1713 und A_7 DIN 1713, 3. bei ihnen die für die Bearbeitung von Leichtmetallen unbedingt notwendigen hohen Arbeitsgeschwindigkeiten nicht anwendbar sind und damit die Wirtschaftlichkeit stark vermindert wird. Diese drei Punkte sind besonders streng bei den weichen Leichtmetallen der Klassen 1 bis 2a zu beachten. In allen Fällen muß auf sorgfältig geschliffenes und tadellos scharfes Werkzeug geachtet werden.

Als Werkstoffe für die Werkzeuge kommen in Frage: 1. gute Werkzeugstähle, 2. Schnellstähle (mittel- und hochlegiert), 3. Hartmetalle. Bei der Formgebung der Werkzeuge ist zu beachten: 1. kleinere Freiwinkel,

Zahlentafel 8. Günstigste Winkel für Leichtmetall-Werkzeuge.

Zu bearbeitendes Leichtmetall	Freiwinkel α Grad	Keilwinkel β Grad	Spanwinkel γ Grad	Einstellwinkel x Grad
A. Werkzeuge aus Werkzeugstahl und Schnellstahl.				
Klasse 1, 2 und 2a . . .	8—10	35—45	35—45	30—50
Klasse 3 und 3a . . .	8—10	50—60	30—40	30—50
Klasse 4 und 4a . . .	8—10	45—56	25—35	30—50
Silumin	9—11	50—60	20—30	30—50
B. Werkzeuge mit Hartmetallschneiden.				
Klasse 1, 2 und 2a . . .	8—10	40—50	30—40	30—50
Klasse 3 und 3a . . .	6—8	45—55	25—35	30—50
Klasse 4 und 4a . . .	5—8	50—60	20—30	30—50
Silumin	5—8	60—70	15—25	30—50

kleinere Keilwinkel, kleinere Spanwinkel und kleinere Einstellwinkel (s. Zahlentafel 8 und Abb. 19); 2. engerer Drall, gegebenenfalls verschiedene Dralle bei demselben Werkzeug (Abb. 20, 21); 3. größerer Spitzenwinkel bei Bohrern; gegebenenfalls noch Zentrierspitze vorsehen (Abb. 22); 4. besonders große Spanräume (Spannuten) (Abb. 23 u. 24); 5. wechselnde Schränkung bei Sägen und grobe Verzahnung; 6. Fräserverzahnung für Feilen; 7. gegebenenfalls Verchromung, z. B. bei Gewindebohrern und Reibahlen; 8. gedrungene und kräftige Ausführung der Körper für Messerköpfe und knappe, sichere Lagerung (Abb. 25).

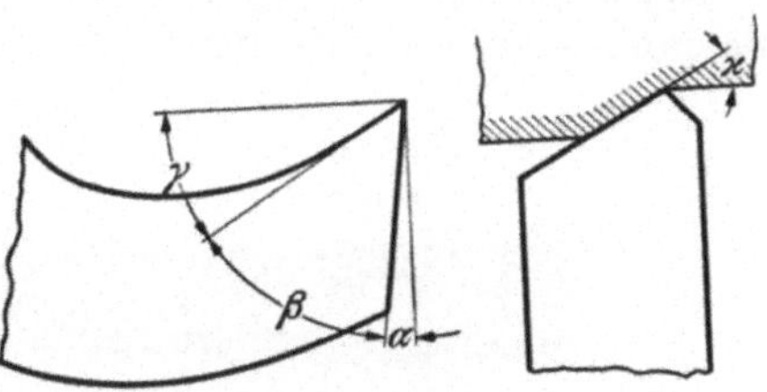

Abb. 19. Keilwinkel für Werkzeuge zur Leichtmetallbearbeitung.

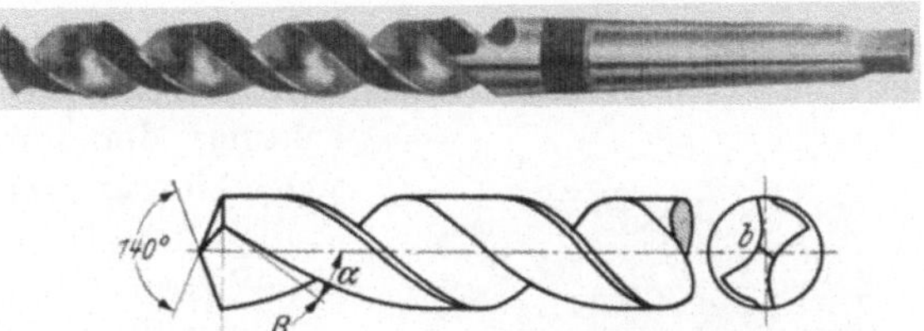

Abb. 20. Alcu-Bohrer. Spitzenwinkel: 140°. $\beta = 55$—$50°$; $\alpha = 35$—$40°$; b = $^1/_5$—$^1/_6$ d. (R. Stock & Co.)

Abb. 21. Alcu-Sonderbohrer mit verschiedenen Drallen. (R. Stock & Co.)

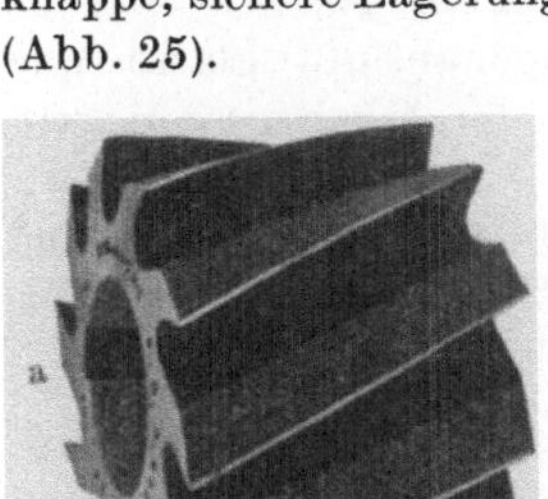

Abb. 23. Alcu-Hochleistungsfräser. a) Walzenfräser. b) Gekuppelter Fräser mit vollkommener Entlastung vom Achsialdruck. (R. Stock & Co.)

Abb. 22. Sonderbohrer für Bleche und dünne Werkstoffe mit 36° Drall und Zentrumspitze und normalem Spitzenanschliff von 140°; damit sind genau runde Löcher bei sehr kleiner Gratbildung herzustellen. (Wesselmann Bohrer Co. A.G.)

Bei der Bearbeitung sind möglichst hohe Arbeitsgeschwindigkeiten vorteilhaft, so daß häufig mit Rücksicht auf die Leistungsfähigkeit der verfügbaren Werkzeugmaschinen und mangelnde Steifigkeit besonders bei Hartmetall-

Werkzeugen nicht bis an die obere Grenze herangegangen werden kann (Arbeitsgeschwindigkeiten s. Zahlentafel 9).

Reichliche Schmierung wird stets notwendig sein, schon mit Rücksicht auf die damit erreichte gute Wärmeabfuhr und die daraus sich ergebende größere Oberflächengüte. Als Schmiermittel sind zu verwenden: Seifenwasser, Bohröl, Petroleum, Terpentin, Seifenspiritus (Weingeist und Schmierseife). Bei Beachtung der vorerwähnten Punkte ergeben sich: einwandfreier Spanabfluß, glatte und saubere Oberflächen, hohe Arbeitsgenauigkeit, gut Wirtschaftlichkeit.

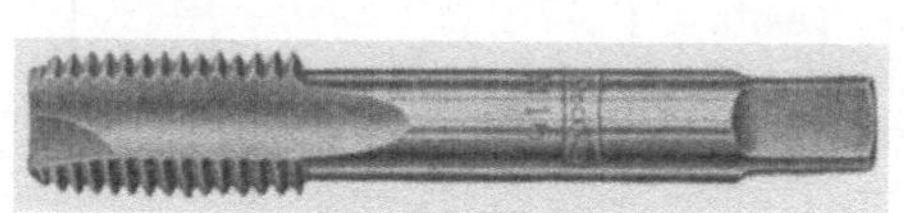

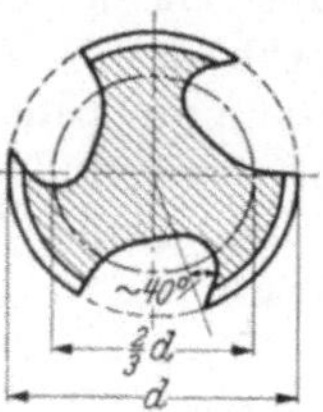

Abb. 24. Alcu-Gewindebohrer mit großen Spanräumen. (R. Stock & Co.)

Abb. 25. Messerkopf zur Bearbeitung von Leichtmetallen mit nachstellbaren Messern mit Widia-Auflage. (R. Stock & Co.)

Über das Schleifen von Aluminium und seinen Legierungen vgl. „Oberflächenbehandlung von Aluminium und seinen Legierungen“.

6. Verbindungsarbeiten des Aluminiums und seiner Legierungen.

Als Verbindungsarbeiten werden benutzt: Falzen, Schrauben, Nieten, Löten und Schweißen. Die Art der benutzten Legierung, ihr Anlieferungszustand, die an die Verbindung zu stellenden Ansprüche sind richtunggebend für die Wahl des Verbindungsverfahrens. Bei Berücksichtigung der Werkstoffeigentümlichkeiten machen Verbindungen keine besonderen Schwierigkeiten.

a) Falzen.

Für Falzarbeiten werden vorwiegend benutzt: a) Reinaluminium: weich, halbhart und hart; b) Aluminium-Legierungen Typ Al—Mn: weich und halbhart; Typ Al—Mg—Mn: weich; Typ Al—Mg—Si: nur weichgeglüht; Typ Al—Cu—Mg: nur weichgeglüht; Typ Al—Mg: weich und halbhart.

Die aushärtbaren Legierungen dürfen nur dann zu Falzarbeiten benutzt werden, wenn nach dem Falzen die vollkommene Aushärtebehandlung durchgeführt wird. Das Falzen ist bei Blechen längs und quer zur Walzrichtung möglich.

Zahlentafel 9. Arbeitsgeschwindigkeiten für die Bearbeitung von Aluminium und Aluminium-Legierungen (s. Fußnote[1] S. 45).

Bearbeitung		Klassen 1, 2, 2a Schnittgeschwindigkeit V m/min	Klassen 1, 2, 2a Vorschub mm/Umdr.	Klassen 3, 3a Schnittgeschwindigkeit V m/min	Klassen 3, 3a Vorschub mm/Umdr.	Klassen 4, 4a Schnittgeschwindigkeit V m/min	Klassen 4, 4a Vorschub mm/Umdr.	Bemerkungen	Schmiermittel
Drehen	Schruppen	150 bis 300	1 bis 5,0	150 bis 300	1 bis 5,0	150 bis 275 (200 bis 250)	0,6 bis 4,0 (0,5 bis 1,0)	Vorschub je nach Spandicke und Stahlform zu wählen ( ) Werte gelten für Silumine	Seifenspiritus, Seifenwasser, Schneidöl, Petroleum
Drehen	Schlichten	300 bis 500	0,1 bis 1,0	300 bis 700	0,1 bis 1,0	300 bis 650 (400 bis 500)	0,1 bis 0,5 (0,05 bis 0,3)	Vorschub je nach gewünschter Oberflächengüte zu wählen ( ) Werte gelten für Silumine	
Fräsen	Schruppen	200 bis 300	0,05 bis 0,8	200 bis 300	0,05 bis 1,0	200 bis 275	0,05 bis 0,8	schwache Fräser: 0,05 bis 0,3 | 0,12 bis 0,5 | 0,03 bis 0,8	Wasser, Bohröl-Emulsion, Seifenwasser, 10% Kühlfett + 90% Wasser, Rüböl-Ersatz
			0,2 bis 1,5		0,2 bis 1,5		0,2 bis 1,2	starke Fräser: 0,2 bis 0,8 | 0,4 bis 1 | 0,8 bis 1,5	
						(90 bis 300)	(0,5 bis 1,0)	Schnittart: schwere | mittlere | kleinere ( ) Werte für Silumine	
		400 bis 800	0,2 bis 2,0	400 bis 800	0,2 bis 2,5	400 bis 800 (400 bis 500)	0,2 bis 2,6 (0,2 bis 0,5)	Messerköpfe ( ) Werte für Silumine	
Fräsen	Schlichten	250 bis 400	0,05 bis 0,8	250 bis 450	0,05 bis 0,9	250 bis 450 (90 bis 300)	0,05 bis 0,7 (0,05 bis 0,7)	Auswahl der Vorschübe wie beim Schruppen ( ) Werte für Silumine	
		400 bis 1000	0,05 bis 0,6	400 bis 1000	0,05 bis 0,7	400 bis 1000 (400 bis 600)	0,05 bis 0,6 (0,1 bis 0,35)	Messerköpfe ( ) Werte für Silumine	

(Fortsetzung nächste Seite.)

Bearbeitung		Klasse 1, 2, 2 a		Klasse 3, 3 a		Klasse 4, 4 a		Bemerkungen	Schmiermittel
		Schnitt-geschwindigkeit V m/min	Vorschub mm/Umdr.	Schnitt-geschwindigkeit V m/min	Vorschub mm/Umdr.	Schnitt-geschwindigkeit V m/min	Vorschub mm/Umdr.		
Bohren	Lochtiefe ≦ 6 Lochdurchmesser	80 bis 150	0,08 bis 0,6	80 bis 150	0,08 bis 0,6	80 bis 150 (50 bis 90)	0,08 bis 0,6 (0,05 bis 0,5)	Vorschübe je nach Bohrerdurchmesser ( ) Werte für Silumine	Bohröl, Seifenwasser, Rüböl-Ersatz
Bohren	Lochtiefe > 6 Lochdurchmesser	120 bis 60	0,1 bis 0,6	120 bis 60	0,1 bis 0,6	120 bis 60 (90 bis 40)	0,1 bis 0,6 (0,05 bis 0,5)	Vorschübe je nach Bohrerdurchmesser die größeren „V" für kleinere Lochtiefen zu wählen ( ) Werte für Silumine	Bohröl, Seifenwasser, Rüböl-Ersatz
Reiben		15 bis 30	0,1 bis 1,0	20 bis 30	0,15 bis 1,0	20 bis 35 (18 bis 30)	0,15 bis 1,0 (0,2 bis 0,5)	Vorschübe je nach Reibahlendurchmesser (wie beim Bohrer!) und Reibahlenbauart; Werte für gradenutige Reibahlen; bei spiralnutigen Reibahlen + 15 bis 35%! ( ) Werte für Silumine	Seifenwasser, Seifenspiritus, Terpentin, Petroleum, Bohröl
Senken		50 bis 120	0,08 bis 0,6	50 bis 120	0,08 bis 0,6	50 bis 125 (60 bis 120)	0,08 bis 0,6 (0,1 bis 0,2)	Vorschübe wie bei Bohrern zu wählen ( ) Werte für Silumine	Seifenwasser, Seifenspiritus, Terpentin, Petroleum, Bohröl
Gewindeschneiden		15 bis 25	—	15 bis 25	—	15 bis 20 (18 bis 25)	— —	( ) Werte für Silumine	Seifenwasser, Petroleum, Schneidöle, Seifenspiritus
Sägen	Bandsägen	1000 bis 2500	—	1000 bis 2500	—	1000 bis 2500 (1200 bis 1500)	— (1 bis 2)	Vorschübe nach Schnittstärke zu wählen; grober Schnitt ( ) Werte für Silumine	Bohröl oder Seifenwasser
Sägen	Kreissägen	250 bis 800	s. Fräsen	250 bis 800	s. Fräsen	250 bis 800 (150 bis 250)	s. Fräsen (0,5 bis 1)	Vorschübe wie bei „Fräsen" zu wählen (schwache Fräser), sauberer Schnitt ( ) Werte für Silumine	Bohröl oder Seifenwasser

Benutzt werden zum Falzen die auch sonst in der Metallbearbeitung gebrauchten Sickenmaschinen. Wegen der größeren Oberflächenempfindlichkeit ist mit sauberen glatten Sickenwalzen zu arbeiten und jede Oberflächenverletzung zu vermeiden.

Auch die plattierten Legierungen Albondur, Bondurplat, Allautal, Cupal, Feran, Zinnal lassen sich ohne Schwierigkeiten falzen; bei dünnen Blechen sind die Biegungshalbmesser etwa doppelt so groß zu wählen wie bei Legierungen nach der Gattung Al—Mg—Si, da sonst wegen der im Verhältnis zum Grundwerkstoff ziemlich dicken Auflageschicht ein Abblättern bzw. Aufreißen eintreten kann. Die Falzverbindungen sind fast immer vorbereitende Arbeiten für das Löten und Schweißen.

b) Schrauben.

Um Korrosion zu vermeiden, muß der Schraubenwerkstoff die gleiche Zusammensetzung haben wie die Grundwerkstoffe, d.h. a) bei Reinaluminium und den kupferfreien Aluminium-Legierungen der Gattungen A_4—A_8 und B_4, B_6—B_9: Pantal (Gattung A_4), Antikorodal (Gattung A_4); b) bei allen kupferhaltigen Legierungen der Gattungen A_1—A_3, B_1—B_3 und B_5: Duralumin (Gattung A_1), Bondur (Gattung A_1), Avional (Gattung A_1), Lautal (Gattung A_3).

Außerdem dürfen verzinkte Eisen- und Stahlschrauben benutzt werden. Vernickelte Eisen- und Stahlschrauben, ungeschützte Schwermetallschrauben aus Messing, Neusilber, Eisen und Stahl sind unzulässig, da sofort starker Korrosionsangriff einsetzt. Lack- und Farbanstriche bei derartigen Schrauben werden vorübergehend korrosionsabwehrend wirken, aber keinen dauernden Schutz bieten können.

Fußnote von Zahlentafel 9 (S. 43).

[1] Die in der Zahlentafel angegebenen Werte gelten für Sonderwerkzeuge aus Schnellstahl bei Verwendung guter, normaler Werkzeugmaschinen. Für Werkzeuge aus gewöhnlichem Werkzeugstahl dürfen nur 80—90% der angegebenen Werte eingesetzt werden. Bei Verwendung von Sonder-Werkzeugmaschinen kräftigster Bauart können die Werte beträchtlich höher genommen werden, z.B.:

Drehen: Schnittgeschwindigkeit bis 1200 m/min, Vorschub bis 7 mm/Umdr.

Fräsen: Schnittgeschwindigkeit bis 1500 m/min, Vorschub bis 5 mm/Umdr.

Werkzeuge mit Hartmetall-Schneiden ermöglichen Arbeitsgeschwindigkeiten, die 100—200% über den in der Zahlentafel angegebenen Werten liegen. Die größtmöglichsten Geschwindigkeiten sind noch nicht eindeutig festgelegt, sie hängen weitgehendst vom Werkzeug und der Werkzeugmaschine ab.

Beim Bohren ist die Maßhaltigkeit des Bohrlochs zu beachten. Weiche und zähe Leichtmetalle — Klassen 1, 2, 2a — ergeben Übermaße von 8—5%; härtere und vergütete Leichtmetalle — Klassen 3, 3a, 4, 4a — ergeben Übermaße von 4—2%. Bei Benutzung von Bohrbuchsen betragen die Maße des Aufbohrens etwa die Hälfte.

Beim Reiben muß vor allem bei der Verwendung von spiralgenuteten Reibahlen ein ausreichender Span zu nehmen sein, damit die Reibahle sauberen Schnitt ergibt.

Beim Gewindeschneiden sind zu feine Gewinde zu vermeiden; mittelfeine Gewinde ergeben den saubersten Schnitt.

a) Infolge zu kleiner Unterlegscheiben Werkstoffnachverdichtung durch zu hohe Flächenpressung und Überbeanspruchung durch gelockerten Schraubensitz bei Wechsel der Kraftrichtung.
b) Infolge genügend großer Unterlegscheiben geringe Flächenpressung, keine Überbeanspruchung, günstige Kraftverteilung.

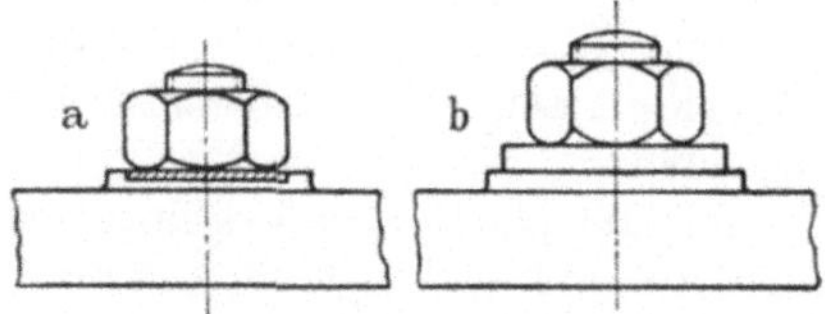

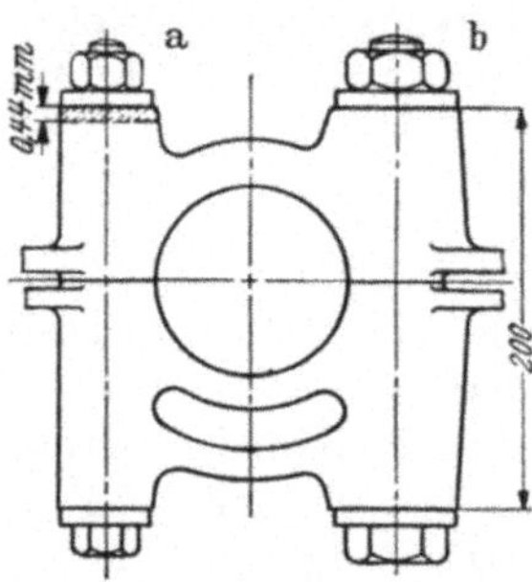

Wirkung der Wärmedehnung bei verschiedenen Ausdehnungskoeffizienten.
a) Wärmeausdehnung wird verhindert.
b) Bessere Aufnahme der durch die Wärmedehnung bewirkten zusätzlichen Spannungen.

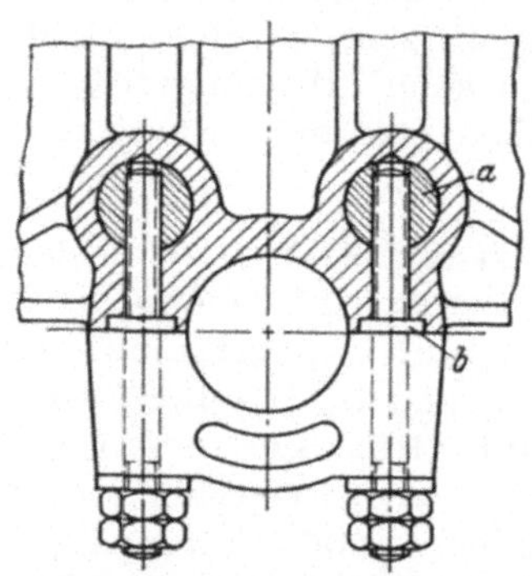

Gute Kraftübertragung durch eingegossene Eisenbuchse und gleichzeitig Entlastung der Gewindegänge im Leichtmetall.
a) Eisenbuchse.
b) Bundstiftschraube.

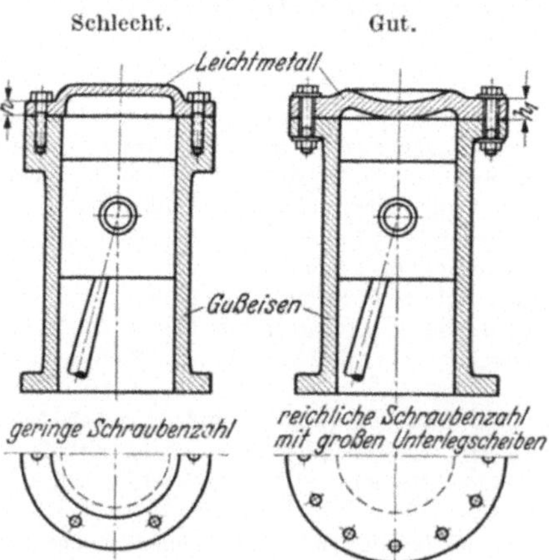

Abb. 26. Falsche und richtige Anordnung von Schrauben bei Leichtmetallen.

Da die Kerbzähigkeit der Schraubenwerkstoffe geringer ist als bei Eisen und Stahl, sind zur Vermeidung der Überlastung im Betrieb und beim Anziehen entsprechend größere Kerndurchmesser zu wählen, etwa im Verhältnis 1,05—1,5 gegenüber Stahlschrauben, je nach dem Zustand des Schraubenwerkstoffs. Aus demselben Grunde sind scharfkantige Gewinde, Feingewinde und scharfe Übergänge zwischen Kopf und Schaft zu vermeiden.

Außerdem fressen sich derartige Gewinde leicht fest und lockern sich beim mehrmaligen Lösen und Anziehen. Alle Gewinde müssen sauber und tief genug geschnitten sein, am besten mit Sonderwerkzeugen für den Bolzen und das Loch, mit Terpentinöl als Schmier- und Kühlmittel (s. spanende Formgebung des Aluminiums und seiner Legierungen). Der Lochdurchmesser muß bei Muttern etwas größer gehalten werden als bei Stahl, da Leichtmetall beim Gewindeschneiden etwas aufschneidet. Die Gewindelänge soll bei Stiftschrauben mindestens $2\frac{1}{2} \times$ Gewindedurchmesser sein. Durchgehende Schrauben oder eingesetzte bzw. eingegossene Büchsen aus Schwermetall, z.B. bei Spritzgußteilen, sind längere Stiftschrauben vorzuziehen. Schrauben und Muttern sind vor dem Einschrauben mit Lanolin, Vaseline, Klauenöl oder einem Gemisch von Knochenöl und Flockengraphit oder mit Aluminium-Spezialfett gut einzufetten. Sehr gut bewährt hat sich das Eloxal-Verfahren als Schutz gegen Lockerwerden und Fressen der Gewinde und als Korrosionsschutz. Holzschrauben werden am besten vor dem Einschrauben mit Lanolin gut eingefettet. Die Schrauben müssen stets so angeordnet werden, daß beim Anziehen keine Druckstellen entstehen können. Es sind bei durchgehenden Schrauben reichlich große Unterlegscheiben — mindestens $2\frac{1}{2} \times$ Lochdurchmesser — unter Kopf und Mutter zu legen und besser mehr und dünnere durchgehende Schrauben als weniger und Stiftschrauben zu verwenden. Auf ungehinderte Wärmeausdehnung ist Rücksicht zu nehmen, ferner darauf, daß durch die Schrauben beim Anziehen keine schädlichen Vorspannungen in die Konstruktionsteile hineingebracht werden (Abb. 26).

c) Niete.

Wie bei den Schrauben muß für die Niete ein Werkstoff von derselben Zusammensetzung gewählt werden wie der Grundwerkstoff, um Lokalelementbildung und damit Korrosion unmöglich zu machen. Als Nietwerkstoffe werden benutzt für Reinaluminium: Reinaluminium, plattierte Werkstoffe (Bondurplat, Allautal, Duralplat, Albondur); für kupferhaltige Aluminium-Legierungen, Gattung A_1—A_3: Bondur, Duralumin, Silumin, Lautal; für kupferfreie Aluminium-Legierungen, Gattung A_4—A_8: BS-Seewasser, Hy 5, Hy 7; für plattierte Legierungen: stets derselbe plattierte Werkstoff (die unterstrichenen Werkstoffe werden meistens benutzt).

Die aus Reinaluminium und den nicht aushärtbaren Legierungen, KS- und BS-Seewasser, Hy 5 und Hy 7 hergestellten Niete werden im halbharten Zustand benutzt. Die aus künstlich alternden Legierungen — Lautal, Silumin, Pantal, Antikorodal — hergestellten Niete werden im ausgehärteten, jedoch nicht gealterten Zustande benutzt; gegebenenfalls wird nach dem Nieten das fertige Stück gealtert. Die aus selbstalternden Legierungen — Duralumin, Bondur — hergestellten Niete werden kurz vor dem Nieten ausgehärtet und sofort benutzt, da sonst infolge der beginnenden Selbsthärtung der Verformungswiderstand zu stark ansteigt und ein einwandfreies Nieten unmöglich wird.

Die längste Lagerzeit, innerhalb deren noch ein einwandfreies Schlagen der Niete möglich ist, beträgt bei $+15°$ C 4 Stunden (Abb. 27). Wird die Lagerzeit überschritten, so muß von neuem ausgehärtet werden. Die wiederholte Aushärtung hat keinen nachteiligen Einfluß auf die Güteeigenschaften (s. Abschnitt: Die Aushärtung der Aluminium-Legierungen). Demnach besitzt der fertig genietete Bauteil noch nicht die Größtwerte an Festigkeit, er erreicht sie erst nach erfolgter Auslagerung nach etwa 5 Tagen. Die handelsüblichen Nietformen nach den entsprechenden DIN-Blättern vgl. Abb. 28; außerdem werden noch Niete mit elliptischem Kopf und Niete nach DIN 265 Blatt 1 und 2 (Kopfformen der im Stahlbau üblichen Niete) benutzt.

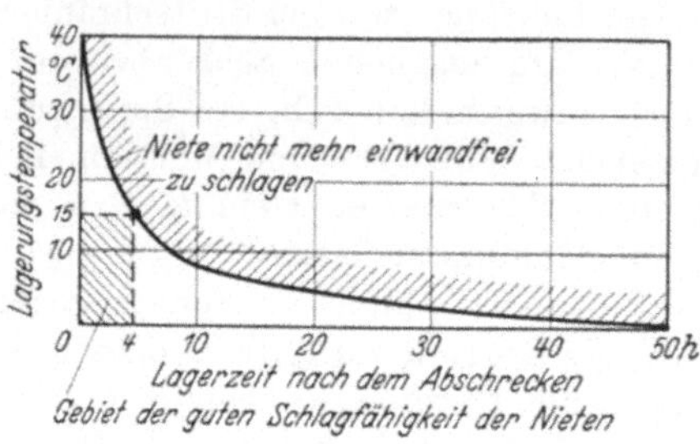

Für den Entwurf und die Berechnung einer Nietverbindung ist zu beachten:

Die kalt eingezogenen Leichtmetallniete übertragen die Kräfte durch den Lochleibungsdruck, den Scherwiderstand und den Biegewiderstand des stramm in die Bohrung gepreßten und vorgezogenen Niets. Für die Berechnung der Festigkeit sind maßgebend: Lochleibungsdruck, Scherfestigkeit und Biegefestigkeit des Werkstoffs, im Gegensatz zu den warm genieteten Stahlnieten, die infolge der Schrumpfspannungen in Richtung der Nietachse die Kräfte durch den Gleitwiderstand der Nietköpfe an den Blechen übertragen. Der Nietdurchmesser soll gewählt werden zu $1{,}5 \times$ Blechstärke $+2$ mm; ein Durchmesser von 12 mm soll nicht überschritten werden.

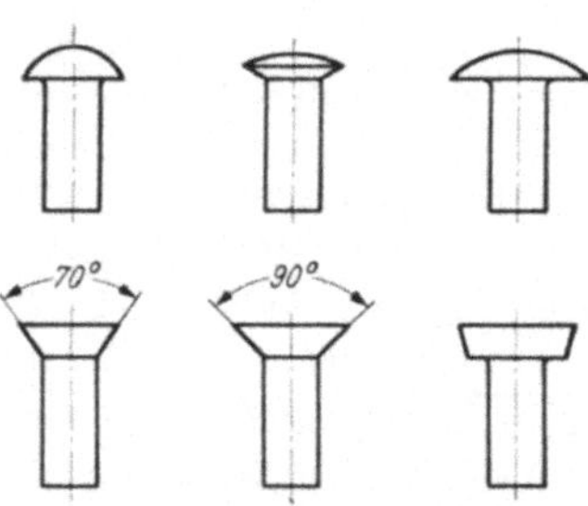

Abb. 28. Handelsübliche Nietformen.

Die Nietlänge soll $5 \times$ Durchmesser nicht überschreiten, da längere Niete nicht mehr gründlich vorgezogen werden können und zum Klaffen der Bleche Veranlassung geben.

Die Teilung soll $2{,}5$—$3 \times$ Nietdurchmesser sein, der Abstand von dem Blechrand in der Kraftrichtung mindestens $2 \times$ Lochdurchmesser, senkrecht zur Kraftrichtung mindestens $1{,}8$—$2 \times$ Lochdurchmesser, der Abstand der Nietreihen untereinander mindestens $2{,}6 \times$ Lochdurchmesser.

Für wasserdichte Nietungen können die Werte für Teilung, Randabstand usw. etwas kleiner gewählt werden.

Für die Berechnung darf gesetzt werden:

$$F \cdot \sigma_B = \frac{\pi \cdot d^2}{4} \cdot Z \cdot T_s .$$

Darin bedeutet:

F = Blechquerschnitt in mm², σ_B = Zugfestigkeit in kg/mm²,
d = Nietdurchmesser in mm, T_s = Scherfestigkeit in kg/mm².
Z = Nietzahl,

Zahlentafel 10. Zulässige Beanspruchungen von Nietwerkstoffen.

Nietwerkstoffe	Verwendungszustand	Zerreißfestigkeit kg/mm²	Scherfestigkeit kg/mm²	Ruhende Belastung: einschnittige Vernietung	Ruhende Belastung: zweischnittige Vernietung	Schwellende Belastung: einschnittige Vernietung	Schwellende Belastung: zweischnittige Vernietung	Wechselnde Belastung: einschnittige Vernietung	Wechselnde Belastung: zweischnittige Vernietung
Rein-Aluminium	halbhart benutzt	12—14	7,8—9,8	3—4,5	2,5—3	2,5—3,5	2—3	2—2,5	2
Gattung Al—Cu—Mg	spätestens 4 h nach erfolgter Aushärtung benutzt	36—46	24—32	9—12	7,5—10	8—10	7—8	6—8	5—7
Gattung Al—Cu	abgeschreckt und ungealtert benutzt	32—38	22—28	9—10	7,5—9	7—9	6—8	5—7	4—6
Gattung Al—Mg—Si	desgl.	20—25	15—20	6—8	5—6	4,5—6	4—5	4—5	3,5—4,5
Gattung Al—Mg	halbhart benutzt	23—35	18—24	6—9	5—7	5—7	4—6,0	4—6	3,5—5
Gattung Al—Si	halbhart benutzt	15—20	11—16	4—6	3,5—5	3,5—4,5	3,5—4,5	3,5—4,5	3,5—4,5
Gattung Al—Mn	halbhart benutzt	12—18	11—14	4—5	3,5—4,5	3,5—4,5	3,5—4	3—4,5	3—4
Gattung Al—Mg—Mn	halbhart	20—26	14—20	4—7	3,5—6	3,5—6	3,5—5	3,5—5	3,5—4,5
Plattierte Werkstoffe	spätestens 4 h nach erfolgter Aushärtung benutzt	25—28	18—22	6—8	5—7	5—7	4—6	4—5,5	3,5—5

Unter der Voraussetzung, daß die Scherfestigkeit = 60—80% der Zerreißfestigkeit gesetzt wird, und daß rd. 35—45% der Scherfestigkeit bei ruhender Belastung, rd. 30—35% bei schwellender Belastung rd. 20—25% bei wechselnder Belastung der Nietnaht als zulässige Beanspruchung eingesetzt und daß für zweischnittige Vernietungen etwa 80—85% dieser Werte eingesetzt werden können, ergeben sich die zulässigen Beanspruchungen für die einzelnen Niet-

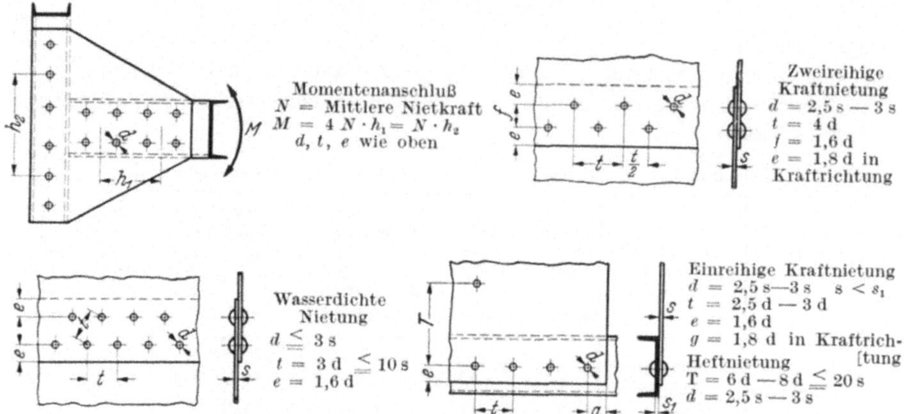

Abb. 29. Nietfelder für Leichtmetall-Nietungen und übliche Nietverbindungen.

werkstoffe und Nietverbindungen nach Zahlentafel 10. Die üblichen Ausführungen von Nietverbindungen und Nietfeldern zeigt Abb. 29.

Für die Ausführung einer Leichtmetall-Nietung ist zu beachten:

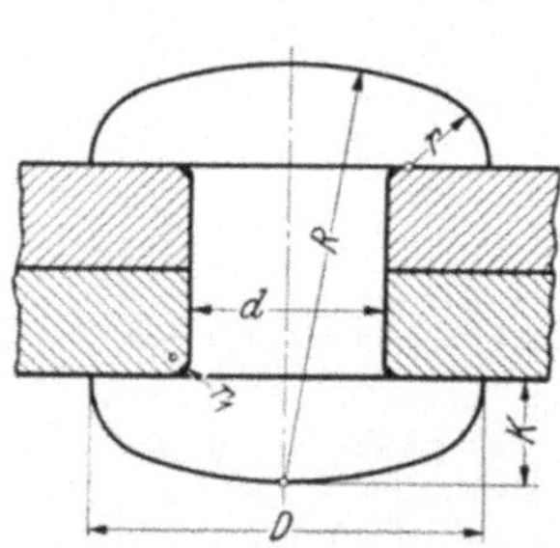

Abb. 30. Richtig geschlagenes Leichtmetall-Niet. $R = 2{,}1\,d$, $D = 2\,d$, $K = 0{,}5\,d$, $T = 0{,}4\,d$.

Das Anreißen darf wegen der hohen Kerbempfindlichkeit der Leichtmetalle grundsätzlich nur mit einem weichen Bleistift, niemals mit der Reißnadel erfolgen. Körnerschläge sind nur an Stellen, die später weggebohrt werden, anzubringen. Die Nietlöcher dürfen niemals gestanzt, sondern müssen stets gebohrt werden wegen der Gefahr des Ausreißens an den Kanten. Nach dem Bohren sind sie genau aufzureiben. Das Lochmaß muß bei hochbelasteten Teilen für Nietdurchmesser bis 10 mm um $^1/_{10}$ mm, über 10 mm Nietdurchmesser um $^2/_{10}$ mm größer sein als der Niet. Auf beiden Seiten muß ein Versenk vorgesehen werden. Vor dem Nieten ist recht reichlich durch Schrauben mit großen Unterlegscheiben stramm vorzuheften, damit die Teile gut aufeinander liegen.

Unmittelbar vor dem Nieten sind die zu verbindenden Teile mit dem Nietenzieher fest aufeinander zu ziehen, damit kein Klaffen nach der Nietung stattfinden kann. Die Nietung soll schnell erfolgen; Schlagzeit in Sekunden = Nietdurchmesser in Millimeter. Nach dem Nieten ist durch Rundmeißel zu entgraten, Niet und genietes Teil genauestens auf Risse zu untersuchen. Einen richtig geschlagenen Leichtmetall-Niet zeigt Abb 30, Nietwerkzeuge für Handnietung Abb. 31.

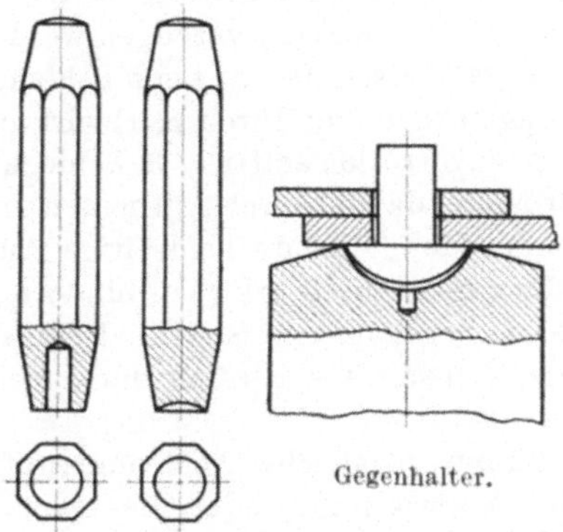

Abb. 31. Nietwerkzeuge für Handnietung.

Für Niete bis 6 mm Durchmesser ist

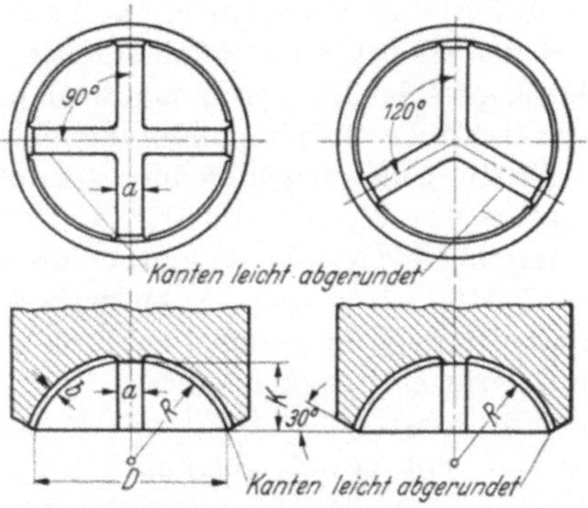

Abb. 32. Kreuzstegdöpper.
$R = 2{,}1$ d. D = 2 d. K = 0,5 d. T = 0,4 d.

Handnietung zulässig; Niete über 6 mm sind mit der Nietmaschine oder dem Preßlufthammer zu schlagen. Nur Kreuzstegdöpper sind zu verwenden (s. Abb. 32) wegen der spezifisch geringeren Beanspruchung der Bleche und Profile. Es sind Gegenhalter zu benutzen mit möglichst großer Masse am Setzkopf, um durchgreifendes Schlagen des Nietkopfs zu ermöglichen.

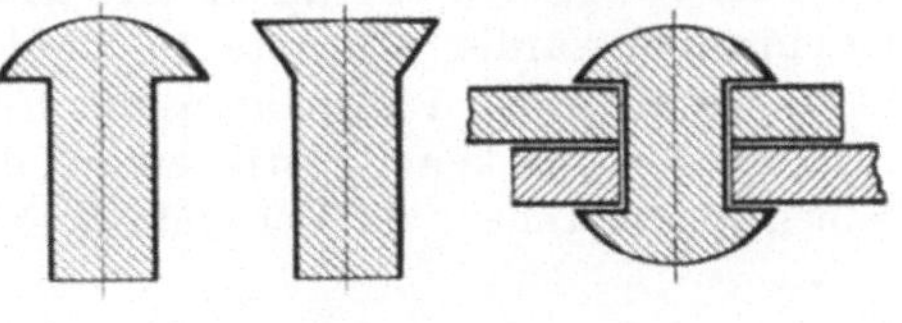

Abb. 33. Plattierte Niete.

Für plattierte Werkstoffe werden am besten Niete aus plattierten Werkstoffen benutzt (Abb. 33). Dadurch wird ein durchgreifender Korrosionsschutz der Nietverbindung vor allem in den ringförmigen Berührungsflächen zwischen Nietköpfen und Blechen erreicht.

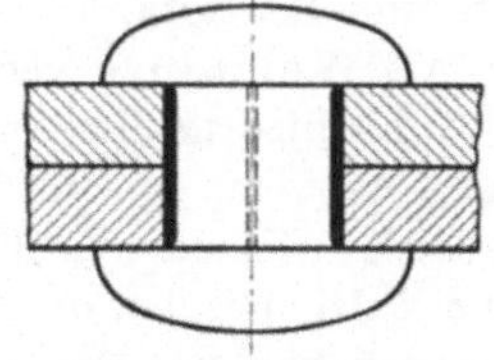

Abb. 34. Nietung mit Stahlbuchse nach V. A. W.

Die Durchschnittscherfestigkeit der einwandfrei hergestellten Nietverbindung beträgt 60—80% der Zerreißfestigkeit des Nietwerkstoffs. Für besonders hochbelastete Nietverbindungen werden in das sauber aufgeriebene Loch genau passende geschlitzte oder geschlossene Stahlbüchsen aus Chromnickelstahl eingesetzt (Abb. 34). Die Verwendung geschlossener

Büchsen erfordert ganz besonders sorgfältige Werkstattarbeit. Da die Nietköpfe oben und unten die Stahlbüchse gegen Feuchtigkeitszutritt sichern, kann keine Korrosion eintreten. Auf diese Weise lassen sich Nietverbindungen von jeder gewünschten Festigkeit herstellen.

Bei der Ausführung der Nietung sind nachstehende Fehler zu vermeiden:

1. Zu lange Nietschäfte, da diese nicht gestaucht, sondern verbogen werden und eine schlechte Festigkeit ergeben. 2. Zu kurze Nietschäfte, da beim Schlagen des Kopfes der Döpper in das Blech eingeschlagen wird und durch Kerbwirkung sehr starke Festigkeitsminderung und verstärkte Korrosion eintritt. 3. Schlechte Vorheftung und ungenügendes Vorziehen der Niete, da hierdurch Aufbeulen und Klaffen des Bleches eintritt. 4. Ungenügende oder fehlende beidseitige Ausschrägung der Nieten, da hierbei infolge Kerbwirkung eine starke Verminderung der Festigkeit eintritt. 5. Zu geringe Masse am Setzkopf des Gegenhalters, da hierbei infolge ungenügender Stauchung des Nietschaftes Klaffen der Bleche und geringe Festigkeit eintritt.

Für wasserdichte Nietungen werden dünne plastische Dichtungsstoffe — z. B. mit Fermit getränkte Leinen- oder Nesselstreifen oder die Schade-Binde — zwischen die zu vernietenden Werkstoffe gelegt. Ein Verstemmen in der üblichen Weise wie bei Stahl ist ausgeschlossen wegen der zu geringen Werkstoffstärke und der hohen Kerbempfindlichkeit. Für derartige Nähte darf nur mit etwa 80% der zulässigen Belastungen der Zahlentafel 10 gerechnet werden.

Eine Warmnietung scheidet grundsätzlich in allen Fällen aus, da durch die Wärme ein Ausglühen der Werkstoffe und damit eine starke Festigkeitsminderung eintreten würde. Auf gute Zugänglichkeit der Nietstelle ist besonders zu achten, vor allem bei Rohrnähten und Hohlkörpern.

Da die Nietung keine Festigkeitsminderung herbeiführt, wird sie bei allen hochbelasteten Teilen als Verbindungsarbeit angewandt und vorgeschrieben.

d) Löten.

Zum Löten des Aluminiums und seiner Legierungen werden benutzt: Weichlote und Hartlote.

Als Weichlote verwendet man vorwiegend Aluminiumreiblote; diese sind auf niedrigschmelzenden Schwermetallen — Zink und Zinn — aufgebaut mit Zusätzen von Kadmium, Blei, Wismut. Der Aluminiumgehalt beträgt 0—50%. Neben den Reibloten werden noch Reaktionslote verwandt. Diese sind Salzgemische, die beim Erhitzen das Zink als Lötmetall ausscheiden und dadurch binden. Die Schmelztemperaturen liegen zwischen 150 und 450°, ihr spezifisches Gewicht zwischen 4 und 9 je nach Art der Zusammensetzung.

Als Hartlote (Echtlote) benutzt man Lote, die aus 70—95% Aluminium bestehen und denen je nach der chemischen Zusammensetzung der zu lötenden Werkstoffe, der Lötnahtgröße und Anordnung mehr oder minder große Mengen von Kupfer, Nickel, Mangan, Zink, Kadmium, Antimon, Zinn, Silber, Zer beigegeben sind. Ihre Schmelztemperaturen liegen zwischen 540 und 630°; ihr spezifisches Gewicht ist 3,0.

Beim Weichlöten wird die Lötstelle so hoch erwärmt, daß das Lot schmilzt. Das teigflüssige Lot wird mit einer Drahtbürste eingerieben, die Oxydhaut zerstört und die zu lötenden Teile verzinnt und die Lötnaht gebunden. Bedingung für einwandfreie Lötung ist gründliches Einreiben. Nachher wird die Lötung wie üblich durchgeführt. Bei den Reaktionsloten werden die Lote in Pulver- oder Pastenform aufgebracht und zum Schmelzen gebracht. Die dabei sich ausscheidenden Lötmetalle (Zink) schließen die Lötnaht.

Alle Weichlötungen sind sehr stark abhängig von der Sorgfalt der Ausführung; ihre Festigkeits- und chemischen Eigenschaften streuen sehr stark. Da außerdem alle Weichlötungen gegenüber den Atmosphärilien nur wenig beständig sind, nachdunkeln, sich verfärben, dürfen sie nur bei mechanisch wenig beanspruchten Teilen und dort, wo kein Korrosionsangriff zu befürchten ist bzw. wo sie wirksam gegen Korrosion geschützt sind, angewandt werden. Hauptanwendung findet die Weichlötung bei Massenartikeln.

Beim Hartlöten werden die Lote als Stäbe, Drähte, Blechstreifen, Körner mit Flußmitteln zur Zerstörung der Oxydschicht verarbeitet. Die Löttechnik ähnelt der des Hartlötens von Messing und Kupfer. Die als Pasten oder Pulver benutzten Flußmittel bestehen aus den Halogeniden des Alkali—Erdalkali und der Erdmetalle; das Mengenverhältnis richtet sich nach dem Verwendungszweck bzw. der Legierung. Die Festigkeitseigenschaften und die chemische Beständigkeit der Hartlötung sind bedeutend besser und gleichmäßiger als die der Weichlötung, selbstverständlich ebenfalls sehr stark abhängig von der Geschicklichkeit und Sorgfalt des Arbeiters.

Als Lötwerkzeuge werde benutzt: Lötlampe, Lötbrenner, neuerdings Schweißbrenner mit besonderem Einsatz; für die Reaktionslote Spiritus- bzw. Gasflammen. Das Löten sollte grundsätzlich nur angewandt werden, wenn es sich um Ausbesserungen von Fehlstellen in Aluminiumgußstücken und um Verbindungen handelt, an die keine großen Ansprüche an Festigkeit und chemischer Beständigkeit gestellt werden. Bei den aushärtbaren Aluminium-Legierungen — Gattung A_1—A_4 — geht bei der Hartlötung die Korrosionsbeständigkeit zurück, da die im Hartlot befindlichen Schwermetalle Lokalelemente bilden und damit Korrosion hervorrufen. Bei Massenartikeln, bei Anfertigung dünnwandiger kleiner Gegenstände kann die Hartlötung als Ersatz für Schweißung benutzt werden.

e) Schweißen.

Zum Schweißen vom Aluminium und seinen Legierungen werden benutzt: 1. Schmelzschweißverfahren, 2. Preß- oder Knetschweißverfahren.

Ein grundsätzlicher Unterschied in der Schweißmöglichkeit zwischen Aluminium und seinen Legierungen besteht nicht; jedoch ist die Schweißbarkeit der Aluminium-Legierungen naturgemäß abhängig von der Legierungszusammensetzung und dem dadurch bedingten Gefügeaufbau. Grundsätzlich ist zu beachten: 1. Die dreimal so große Wärmeleitfähigkeit des Aluminiums und seiner Legierungen im Vergleich zu Stahl; daraus ergibt sich, daß trotz der bedeutend niedrigeren Schmelzpunkte etwa die gleiche Wärmemenge zugeführt werden muß wie bei Stahl. 2. Das größere Schwindmaß gegenüber Stahl — etwa 40 bis 60% — größer — ergibt größere Schrumpfspannungen, Verformungen und Rißgefahr. Darauf ist bei der Gestaltung der Werkstücke und bei der Ausführung der Schweißnähte zu achten. 3. Die beim Schweißen sich stets neu bildende, sehr dünne und festhaftende Oxydschicht ist bei Aluminium und seinen Legierungen in der Schweißflamme zu metallischem Aluminium nicht reduzierbar und nicht schmelzbar. Eine einwandfreie Bindung in der Naht ist demzufolge nicht möglich. Um diese zu erzwingen, muß bei allen Schweißungen ein entsprechend zusammengesetztes Flußmittel benutzt werden, das diese Oxydschicht zerstört und neue Oxydation unmöglich macht.

Schmelzschweißverfahren.

Benutzt werden α) Gasschmelzschweißung, β) Lichtbogenschweißung.

α) Gasschmelzschweißung. Bei der Gasschmelzschweißung ist die Azetylen-Sauerstoff-Schweißung wegen ihrer sehr heißen Flamme und besonders guten Anpassungsfähigkeit an die Nahtverhältnisse die am meisten benutzte Schweißung; Wasserstoff-Sauerstoff-Schweißung und Leuchtgas-Sauerstoff-Schweißung finden vereinzelt Anwendung. Die Brenner und Geräte sind die gleichen wie bei der Eisenschweißung. Die Brennergröße für die Azetylenschweißung ist wie folgt zu wählen:

Wandstärke	Brennereinsatz-Nr.
0,5— 1,0 mm	00 (0)
1 — 2,0 ,,	0 (1)
2 — 4,0 ,,	1 (2)
4 — 7,0 ,,	2 (3)
7 —12,0 ,,	3 (3, 4, 5)
12 —20,0 ,,	4 (5, 6)
20 —30,0 ,,	5 (7 und 8)
30 —50,0 ,,	6 —

(Klammerzahlen = Brennereinsatz-Nr. für gleiche Werkstoffstärken bei Stahlblech.)

Die Flamme ist stets genau spitz mit etwas Azetylenüberschuß einzustellen. Der Brenner und der Einsatz müssen einwandfrei in Ordnung sein, damit die Flamme gleichmäßig und ruhig brennt. Gewöhnlich wird mit Linksschweißung gearbeitet — Brennerführung von rechts nach links, Schweißdraht vor der Flamme. Die Rechtsschweißung — Brennerführung von links nach rechts, Schweißdraht hinter der Flamme — wird mehr und mehr für stärkere Bleche und schwerer schweißbare Legierungen benutzt. Als Zusatzwerkstoff werden für Reinaluminium Drähte aus reinstem Aluminium — mindestens 99,5% Al —, für alle Legierungen Drähte der gleichen Legierung oder Drähte bestimmter Zusammensetzung benutzt. Für Reinaluminium werden auch Drähte mit Titanzusatz (1—3%) benutzt, da Titan kornverfeinernd wirkt. Statt der Drähte können auch Blechstreifen verwandt werden, wenngleich Drähte wegen des in der Schweißnaht entstehenden feineren Korns vorzuziehen sind. Können diese nicht beschafft werden, so werden mit 4—6% Silicium legierte Schweißdrähte benutzt, die allerdings weniger feste Schweißungen ergeben. Für Gußlegierungen werden besonders legierte Stäbe mit großem Schmelzintervall verwandt, die den Schweißvorgang erleichtern. Die Drahtstärke soll betragen bei:

0,5— 2,0 mm Werkstoffstärke	2 mm,
2,0— 5,0 ,, ,,	3—3,5 mm,
5,0—10,0 ,, ,,	5 mm,
über 10,0 ,, ,,	8 mm,
für starkwandige Gußschweißungen	10—20 mm.

Die Flußmittel bestehen aus Gemischen von Chlor- und Fluorsalzen, z. B. Autogal: 30% Natriumchlorid, 45% Kaliumchlorid, 15% Lithiumchlorid, 7% Kaliumfluorid und 3% Natriumbisulfat; sie werden in Pulverform geliefert, mit Wasser zu einem dünnen Brei angerührt und reichlich auf den Schweißstab und die Werkstoffkante aufgetragen. Sparen an Flußmittel erschwert den Fluß, verringert die Bindung und setzt die Schweißgeschwindigkeit und die Schweißnahtgüte sehr stark herab. Da die Flußmittel stark hygroskopisch sind, müssen nach dem Schweißen ihre Reste durch gründliches Abbürsten und Abwaschen (gründlich mit Wasser nachspülen) oder durch Abbeizen z.B. in 10% Salpetersäure oder in Siliron W entfernt werden. Andernfalls geben sie Anlaß zu Korrosion (Lochfraß). Auf die gründliche Entfernung der Flußmittelreste ist bei der Nahtanordnung Rücksicht zu nehmen; bei Hohlkörpern ist mehrfaches Durchspülen und Schwenken mit der Beizflüssigkeit notwendig. Ist aus irgendwelchen Gründen die Entfernung nicht möglich, so sollen nicht hygroskopische Flußmittel benutzt werden, die jedoch teurer sind als die gewöhnlichen Flußmittel und sich schwer verarbeiten lassen z. B. Autogal N.

Die Vorbereitung zum Schweißen erfolgt wie bei den anderen Metallen; ebenso werden dieselben Nahtformen benutzt (s. Abb. 43 und 44, Schweißen von Elektron). Kehl- und Überlappungsschweißungen sind zu vermeiden. Alle Nähte müssen gut unterbaut sein, um das sog. Durchsacken vor allem bei Rein-Aluminium und der eutektischen Aluminium-Legierung Silumin unmöglich zu machen. Vor dem Schweißen ist gut und gleichmäßig vorzuwärmen auf 300° bis 350°, um während des eigentlichen Schweißens keine zu starke Wärmeabwanderung zu haben und um die Schrumpfspannungen herabzusetzen. Als Unterlage sind schlechte Wärmeleiter, z.B. Chamottesteine, Asbestplatten u.a.

zu benutzen. Die Schweißgeschwindigkeit soll möglichst groß sein; der Fluß muß gut beobachtet werden. Nach dem Schweißen muß langsam abgekühlt werden, um die große Riß- und Spannungsgefahr abzudämmen, die infolge der vor allem bei Legierungen mit großem Erstarrungsintervall vorhandenen geringen Warmfestigkeit besteht. Nach dem Erkalten werden die Reste des Flußmittels sorgfältig entfernt. Nähte an Reinaluminium und weiche Aluminium-Legierungen können durch Nachhämmern und anschließendes Ausglühen bei 400° in den mechanischen Werten und ihrer Beständigkeit verbessert werden. Bei den aushärtbaren Aluminium-Legierungen werden durch das Nachhämmern schädliche Zusatzspannungen hervorgerufen. Gußstücke sind stets warm zu schweißen bei rd. 300—350°, sorgfältig und langsam abzukühlen und nach erfolgter Reinigung und Behandlung nachzuglühen.

β) Lichtbogenschweißung. Benutzt werden drei Verfahren: Kohle-Lichtbogenschweißung, Metall-Lichtbogenschweißung und das Arcatomverfahren.

Die Kohle-Lichtbogenschweißung kann nur mit Gleichstrom durchgeführt werden unter Benutzung einer Schweißmaschine mit guter dynamischer Charakteristik. Die Kohleelektrode liegt am negativen Pol, das Werkstück am positiven Pol. Der Zusatzdraht wird meistens nackt benutzt — Zusammensetzung wie bei der Gasschmelzschweißung —; er ist mit demselben Flußmittel wie bei der Gasschmelzschweißung zu bestreichen. Die Stromstärken betragen je nach Kohlendurchmesser und Kohlensorte 60—400 A. Die Spannungen im Lichtbogen 30—75 V. Die Kohle-Lichtbogenschweißung wird vorwiegend für Ausbesserungsschweißungen bei Silumin-Gußstücken, selten für Blechschweißungen benutzt.

Für die Metall-Lichtbogenschweißung wird ebenfalls nur Gleichstrom benutzt. Die Elektrode liegt am positiven, das Werkstück am negativen Pol. Benutzt werden stets umhüllte Metall-Elektroden. Die Umhüllung soll beim Schweißen das Oxyd unschädlich machen und den Lichtbogen stabilisieren. Ihr Schmelzpunkt soll so bemessen sein, daß er beim Abschmelzen an der Spitze als ein kurzes Rohrstück stehen bleibt. Die Zusammensetzung des als Zusatzwerkstoffs dienenden Kerndrahtes ist die gleiche wie die des Grundwerkstoffs. Die Stromstärken betragen je nach Elektrodendurchmesser 60 bis 250 A, die Spannungen im Lichtbogen 18—28 V.

Die Metall-Lichtbogenschweißung wird benutzt für Rein-Aluminium und fast alle Aluminium-Legierungen; in beiden Fällen für Guß- und Knetwerkstoffe. Für Knetwerkstoffe soll die Mindestblechstärke 2 mm betragen, da bei geringeren Stärken leicht Durchbrennen eintritt.

Für die Arcatomschweißung wird dasselbe Gerät — Wechselstrom mit Sondertransformator — benutzt wie für Stahlschweißung. Der Zusatzwerkstoff wird blank verwandt in derselben Zusammensetzung wie der Grundwerkstoff; dieselben Flußmittel wie bei der Gasschmelzschweißung werden benutzt. Infolge der sehr günstigen Wärmezufuhr kann bei der Arcatomschweißung die Vorwärmung wegfallen. Sie ergibt sehr gleichmäßige Nähte und kann für Bleche von 1 mm ab benutzt werden, für dünnere Bleche als Arcatom-Maschinenschweißung.

Bei allen Schmelzschweißungen tritt eine Festigkeitsminderung der aushärtbaren Legierungen ein, da die im Gußzustand entstehende Schweißnaht entweder gar nicht oder nur sehr unvollkommen nachträglich ausgehärtet werden kann. Die Dehnung geht ebenfalls stark zurück. Bei den Lichtbogenschmelzschweißungen ist wegen der stärkeren Wärmezufuhr die Erwärmungszone neben der Schweißnaht schmäler als bei der Gasschmelzschweißung, demzufolge sind die Wärme- und Schrumpfspannungen geringer. Je nach Güte und Sorgfalt der Ausführung der Schweißnaht und ihre Nachbehandlung, liegen bei aushärtbaren Aluminium-Legierungen die Festigkeitswerte zwischen 50 und 70% Zerreißfestigkeit bei 16% Dehnung ohne Nachbehandlung und bei 80—90% Zerreißfestigkeit und 70% Dehnung bei Nachbehandlung. Weiche nicht aushärtbare Aluminium-Legierungen erreichen 90—100% Zerreißfestigkeit bei 40% Dehnung, Reinaluminium 100% Zerreißfestigkeit bei 80% Dehnung. (Alle Werte bezogen auf die entsprechenden Werte des unverschweißten Werkstoffs.)

Preß- oder Knetschweißungen.

Benutzt werden für die Preß- oder Knetschweißungen: a) Hammerschweißung; b) Elektrische Widerstandsschweißung.

α) Hammerschweißung. Das Verfahren der Hammerschweißung ist von Heräus-Hanau entwickelt worden und kann nur für Reinaluminium angewandt werden. Es beruht auf der Tatsache, daß Reinaluminium bei Erhitzung auf 400—500° so weich wird, daß es durch Zusammenschmieden homogen verschweißt werden kann. Die Schweißung wird so durchgeführt, daß die sorgfältig blank gemachten Teile mit einer Überlappung von 10—20 mm übereinander gelegt, mit einem Brenner auf etwa 450° erwärmt und dann bei dieser Temperatur mit Treibhämmern bis zur vollkommenen Verbindung bearbeitet werden. Nach beendeter Schweißung werden die Nähte geglättet. Vor dem Schweißen sind die Nähte etwa alle 100 mm zu heften. Die auf diese Weise hergestellten Schweißungen sind vollkommen dicht, von gleicher Festigkeit wie der Grundwerkstoff und einwandfrei bearbeitbar. Für Behälter — ausgenommen Behälter für Salpetersäure — kann diese Schweißung angewandt werden.

β) Elektrische Widerstandsschweißung. Benutzt werden: Stumpfschweißung, Punktschweißung, Nahtschweißung.

Da die Wärmeaufnahme bei Aluminium und seinen Legierungen rd. dreimal so groß ist wie bei Stahl, sind besonders hohe Stromstärken erforderlich; die Schweißzeit muß möglichst kurz gehalten und der Stauchdruck möglichst hoch gehalten werden. Stromstärken, Schweißzeit und Stauchdruck müssen dem

Werkstoff feinfühligst angepaßt sein. Maschinen üblicher Bauart wie bei der Stahlschweißung benutzt können für die Aluminiumschweißung nicht verwandt werden. Am besten sind Maschinen mit gittergesteuerten Stromrichtern dafür geeignet.

Die Stumpfschweißung kann nur für einfache Querschnitte von 2 bis 300 mm^2 benutzt werden. Die Schweißung erfolgt unter Stromdurchgang bei sehr hohem Druck, so daß der überhitzte Werkstoff herausgepreßt wird und gute Bindung des gesunden Werkstoffs eintritt. Die Festigkeit der Stumpfschweißung ist auch bei aushärtbaren Legierungen fast die gleiche wie bei dem Grundwerkstoff. Mit der Stumpfschweißung lassen sich auch Kupfer- und Aluminiumdrähte für Leitungen miteinander verbinden. Angewandt wird sie zur Herstellung endloser Drähte, zum Zusammensetzen verwickelter Querschnitte, zur Installation von Schaltanlagen.

Mit der Punktschweißung können Bleche von 0,1—3 mm Einzelstärke, in Sonderfällen auch bis zu 5 mm Stärke verbunden werden, auch Bleche mit verschiedenen Stärken nach dem Einfach- und Doppelpunktverfahren. Die Schweißzeit soll $^{1}/_{1000}$ sec bis zu höchstens 2 sec betragen und muß von der Maschine selbsttätig eingehalten werden. Elektroden aus besonderen Werkstoffen sind vorteilhaft, um das Ankleben der Elektrode an das Werkstück zu verhindern. Die mit der Punktschweißung zu erzielenden Festigkeiten entsprechen der Festigkeit einer einwandfreien Nietverbindung. Angewandt wird die Punktschweißung im Flugzeugbau, Apparatebau, in der Beschlagteilanfertigung. Auch für plattierte Werkstoffe kann sie mit gutem Erfolg angewandt werden.

Mit der Nahtschweißung können Bleche aus Reinaluminium von 0,3 bis 1,5 mm Einzelstärke, bei Aluminium-Legierungen bis zu 2 mm Einzelstärke verschweißt werden. Die Schweißgeschwindigkeit soll 1—3 m/min betragen. Die gewöhnliche Rollennahtschweißung kann nicht angewandt werden. Entweder wird mit zwei festen Rollen, zwischen denen das Stück bewegt wird, oder mit einem festen Dorn, auf dem das Stück liegt und über das sich die längsverschiebbare Rolle bewegt, gearbeitet. Die Nahtschweißung ergibt vollkommen dichte Nähte mit etwa der gleichen Festigkeit wie bei einer einwandfrei ausgeführten Nietnaht. Angewandt wird die Nahtschweißung vor allem im Behälter- und Kühlerbau.

7. Oberflächenbehandlung und Oberflächenschutz des Aluminiums und seiner Legierungen.

Soweit eine Oberflächenbehandlung und ein Oberflächenschutz des Aluminiums und seiner Legierungen mit Rücksicht auf den Verwendungszweck zur Erhöhung der Korrosionsbeständigkeit u. a. notwendig oder erwünscht ist, können diese ausgeführt werden durch: Schleifen, Bürsten und Polieren, Beizen,

Lack- und Farbanstriche, Plattieren und Belegen, galvanische Überzüge, Oxydation, Legierungszusätze.

a) Schleifen, Bürsten und Polieren.

Die zum Schleifen von Aluminium und seinen Legierungen benutzten Schleifscheiben sollen um so härter sein, je weicher die zu verarbeitende Aluminium-Legierung bzw. je kleiner die Umfangsgeschwindigkeit und die Berührungsoberfläche ist. Die Korngröße der Scheibe richtet sich nach der Feinheit der geschliffenen Oberfläche. Benutzt werden vorwiegend Schleifscheiben aus Silizium-Karbid von verschiedener Körnung und Härte je nach Schleifvorgang mit elastischer Bindung durch Kunstharz oder Gummi. Seltener werden keramisch gebundene, scharf gebrannte Scheiben benutzt. Die Umfangsgeschwindigkeit soll 20—40 m/s betragen. Daneben werden noch Filzscheiben benutzt, die mit aufgeleimten Schmirgelpulver 1—0 bzw. 5/0—8/0 oder Schmirgelleinen Körnung 4/0—8/0 belegt sind, mit Paraffin oder Unschlitt als Schmiermittel. Es ist besonders darauf zu achten, daß mit den Schleifscheiben kein anderes Metall bearbeitet wird, da leicht feine Splitter desselben in den Aluminiumgegenstand hineingedrückt werden und durch Lokalelementbildung Korrosion hervorrufen. Zur Erzeugung eines sehr wirkungsvollen Metallschliffs werden die vor- und feingeschliffenen Teile mit einer Fibrebürste in der Richtung des Feinschliffs nachgebürstet unter Verwendung einer Schleifpaste. Nach dem Bürsten ist sorgfältig zu reinigen und zu trocknen. Ein leichtes Abreiben mit einem weichen Wollappen und feinstem Bimssteinpulver in der Schliffrichtung ergibt feinsten Metallglanz von rein weißer Färbung. Samtartige, rein weiße Oberflächen ergeben sich durch Bürsten mit rotierenden Stahldrahtbürsten. Die geschliffenen und gebürsteten Oberflächen sind sehr empfindlich, daher muß mit peinlichster Sauberkeit bei allen Arbeitsgängen verfahren und nach sorgfältigster Reinigung und Trocknung sofort ein Überzug aus durchsichtigem Lack aufgebracht werden.

An das Vor- und Feinschleifen kann das Polieren und Glänzen angeschlossen werden. Besonders sorgfältig durchgeführtes Schleifen ist Grundbedingung für eine einwandfreie Politur. Poliert wird mit Schwabbelscheiben aus festem Wollstoff, weichem Leder, fest gewebten Baumwoll- und Leinwandstoffen bei 40—60 m/s Umfangsgeschwindigkeit und einer Polierpaste — z. B. 1 Teil Stearin oder Montanwachs und 3—4 Teile Tonerde oder besonderen Polierpasten. Die Polierpaste ist dünn aufzutragen, die Schwabbelscheiben sind von Zeit zu Zeit mit einem Schaber abzuziehen.

Nach sorgfältigster Reinigung mit Trichloräthylen oder einem Benzin-Petroleumgemisch mit einem reinen Wollappen und Trocknung in Sägemehl erfolgt das Glänzen mittels einer frisch abgezogenen, weichen Schwabbelscheibe ohne Poliermittel. Polierte und geglänzte Oberflächen sind besonders empfindlich; es ist daher mit äußerster Sauberkeit zu arbeiten und nach Beendigung der Arbeit sofort mit einem durchsichtigen nicht nachgilbenden Schutzlack zu lackieren.

Kleinere Massenartikel werden in der Poliertrommel poliert, die zu einem Viertel ihres Inhalts mit Stahlkugeln von 2—6 mm Durchmessser und einer Lösung von 1,6% Kernseife, 1% Salmiakgeist, 2% Benzin, Rest Wasser gefüllt ist. Nach Entfetten in 10proz. Natronlauge bei 70—80° mit nachfolgendem kräftigen Abspülen werden die Teile ½—2 Stunden getrommelt, in Regenwasser abgespült, in warmen Sägespänen getrocknet und gegebenenfalls noch in einer mit Lederabfällen gefüllten Trommel ½ Stunde nachgetrommelt.

b) Beizen.

Vor dem Beizen sind die Teile sorgfältig zu entfetten durch Benzin, P_3 aluco, Seifensand, Siliron u. ä.

Übliche Beizverfahren sind:

1. Beizen etwa 5—10 min in heißer 10proz. Sodalösung ergibt eine schöne mattweiße Oberfläche, die wegen ihrer hohen Reibempfindlichkeit sofort nach dem Trocknen mit einem Überzug aus farblosem, nicht nachgilbendem Lack geschützt werden muß.

2. Beizen etwa ½—2 min in 10—20proz. Natronlauge von 50—80° mit gründlichem Nachspülen und Abbürsten unter fließendem, kaltem Wasser ergibt weiße Oberfläche. Zur restlosen Passivierung der Laugenreste sind verwickelt aufgebaute Teile außerdem in 33proz. Salpetersäure nachzubehandeln. Nach dem Passivieren muß in warmen Sägespänen rasch getrocknet werden. Die kupferhaltigen Aluminium-Legierungen färben sich bei dieser Beizbehandlung schwarz; sie werden durch kurzes Eintauchen in konzentrierte Salpetersäure entfärbt und wie vor behandelt.

3. Beizen etwa 5 min bei gewöhnlicher Temperatur in einem Salpetersäure-Flußsäuregemisch — 1 Teil konzentrierte Salpetersäure und 1 Teil gesättigte wäßrige Natriumfluoridlösung — ergibt besonders reine weiße Oberflächen. Die Beizung wird wenig angewandt wegen der unangenehmen Dämpfe und der Behälterschwierigkeiten.

4. Beizen etwa 1—3 min in 3—5proz. Schwefelsäure oder 3proz. Salpetersäure bei 50—60°; nur anzuwenden für Reinaluminium und Aluminium-Legierungen mit in fester Lösung befindlichen Bestandteilen.

Da bei allen Beizverfahren — sämtliche Beizflüssigkeiten sind korrodierende Agenzien — ein Oberflächenangriff stattfindet und damit eine Verminderung der Festigkeitseigenschaften eintritt, dürfen mechanisch hochbeanspruchte Teile nicht gebeizt werden.

c) Farb- und Lackanstriche.

Farb- und Lackanstriche werden bei Aluminium und seinen Legierungen nur unter ganz bestimmten Verhältnissen notwendig, da die anderen Verfahren — Eloxal u. a. — in jeder Beziehung durchaus befriedigende Schutzschichten bilden. In allen Fällen ist die Oberfläche durch das M–B–V-Verfahren oder durch das Eloxalverfahren zu passivieren und so mit einem guten Haftgrund für die Anstriche zu versehen. Das Aufrauhen durch Sandstrahlen, Abschmirgeln, Beizen wird nicht nur eine ungenügende Vorbereitung sein, sondern auch in vielen Fällen durch die infolge der Verfahren eingetretene Querschnittsverminderung und Oberflächenverletzung eine starke, durchaus unzulässige Verminderung der Festigkeitseigenschaften hervorrufen. Sorgfältige Entfettung mit den früher erwähnten Mitteln (s. Schleifen) ist stets notwendig. Der Anstrich hat in mehreren Arbeitsgängen zu erfolgen. Der Grundanstrich muß elastisch sein und gut auf dem Grundwerkstoff haften. Die für Elektron-Legierungen benutzten Lacke (s. dort) können auch für Aluminium und seine Legierungen empfohlen werden. Sehr gut bewährt hat sich der Anstrich mit Aluminiumfarben, die aus Aluminiumpulver mit den sonst benutzten Lacken und Bindemitteln bestehen. Das ganze Gebiet der Farb- und Lackanstriche für Aluminium und seine Legierungen befindet sich z. Zt. in lebhafter Entwicklung, so daß mit Vorsicht verfahren werden muß, um Fehlschläge zu vermeiden.

d) Plattieren und Belegen.

α) Plattierungen. Die Plattierung wird stets so ausgeführt, daß die auf rd. 400—480° erhitzten Metallpakete unter sehr hohem Druck zwischen hochglanzpolierten Walzen miteinander verschweißt und dadurch untrennbar verbunden werden.

Bei der Plattierung nach a), b) und d) werden Verbundwerkstoffe hergestellt, bei denen die aufplattierten Werkstoffe die Korrosionsfestigkeit, der Grundwerkstoff die hohe mechanische Festigkeit besitzen; bei c) werden bestimmte elektrische und chemische Eigenschaften beim Verbundwerkstoff erreicht.

Plattiert wird:

a) mit Reinaluminium (mindestens Al 99,5 DIN 1712) einseitig oder beidseitig auf die hochfesten Aluminium-Legierungen Lautal, Duralumin, Bondur; die so hergestellten Verbundwerkstoffe heißen: Allautal, Albondur;

b) mit BS-Seewasser oder KS-Seewasser einseitig oder beidseitig auf dieselben Werkstoffe wie vor; die so hergestellten Verbundwerkstoffe heißen: Bondurplat, Duralplat;

c) mit Kupfer auf Reinaluminium oder Aluminium-Legierungen; der so hergestellte Werkstoff heißt Cupal. Neuerdings werden auch Plattierungen mit Zinn — Zinnal — mit Cadmium, Zink und Blei ausgeführt.

d) mit Reinaluminium beidseitig auf Stahlbleche oder Stahlbänder; der so hergestellte Verbundwerkstoff — Feran bzw. Trivalith — dient als vollwertiger Ersatz für Weißblech.

Die Dicke der aufplattierten Schicht schwankt zwischen 5 und 10% der Dicke des Grundwerkstoffs.

β) Belegen. Das Belegen geschieht durch ein- oder beidseitiges Aufbringen von dünnen Aluminiumblechen auf Sperrholzplatten — Panzerholz — oder durch Aufleimen von Holzfurnieren ein- oder beidseitig auf stärkeres Aluminiumblech — holzfurniertes Alu-Blech.

Sehr aussichtsreich ist der Ersatz des Holzes durch Schichtstoffplatten aus Phenolharzen (s. Schichtstoffe). Ferner lassen sich Aluminiumbleche bzw. Aluminiumgegenstände mit Textilfasern, Korkmehl, Holzmehl, Asbestmehl, Glaswolle u. a. überziehen. Die so hergestellten Verbundwerkstoffe besitzen gut schalldämpfende Eigenschaften und können bequem eingefärbt werden.

Für die chemische Industrie wird von besonderer Wichtigkeit das mit Kautschuk überzogene Aluminium werden, da durch Aufbringen von Kautschukmilch (Latex) mit nachfolgendem Vulkanisieren der Schutz auch sehr verwickelt aufgebauter Gegenstände möglich ist.

e) Galvanische Überzüge.

Das Aufbringen galvanischer Überzüge auf Aluminium und seine Legierungen machte bisher Schwierigkeiten, da beim Einhängen in die Bäder sich Schichten von Aluminiumoxyd bildeten, die einen Aufbau des galvanischen Überzugs unmöglich machten. Das Elytal-Verfahren erzeugt auf der Oberfläche des Aluminiums und seiner Legierungen zunächst einen sehr fest haftenden Überzug von Schwermetall, auf dem das einwandfreie Aufbringen galvanischer Überzüge ohne Schwierigkeiten möglich ist. Zur Durchführung des Verfahrens werden die Teile in bekannter Weise entfettet durch Trichloräthylen; sodann elektrolytisch in einer kalten 10proz. Sodalösung und wenn notwendig, noch in einer basischen Lösung von Natriumphosphat weiter behandelt; nach dieser Vorbehandlung wird gründlich gespült. Sodann erfolgt Behandlung in sehr heißen, fast kochenden Bädern aus Wasser mit 1—5 l Salzsäure und 2—5 l Eisenchloridlösung. Die Beizdauer beträgt 30—45 sec. Nach dem Beizen wird gründlich abgespült und in gewöhnlichen Bädern galvanisiert, und zwar wird zuerst vernickelt und dann der gewünschte Metallüberzug aufgebracht.

f) Oxydation.

Die Oxydationsverfahren bezwecken, auf Aluminium und seinen Legierungen Oxydschichten von ganz bestimmten Eigenschaften zu erzeugen. Es sind zwei Verfahrengruppen in Anwendung:

a) die rein chemischen Verfahren: M-B-V-Verfahren; Jirotka-Verfahren;

b) die elektrischen Verfahren: Eloxal-Verfahren, Aloxier-Verfahren; Trisal-Verfahren.

Von den chemischen Verfahren wird am meisten das M–B–V-Verfahren (modifiziertes BAUER-VOGEL-Verfahren) angewandt. Die zu oxydierenden Gegenstände werden nach sorgfältigster Reinigung und Entfettung 5—20 min in eine siedende wäßrige Lösung von Alkalichromat oder Alkalibichromat getaucht. Sie überziehen sich dabei mit einer dünnen grauen Oxydschicht, die verhältnismäßig weich, mechanisch wenig widerstandsfähig, aber sehr gut saugfähig ist und somit einen guten Haftgrund für Farb- und Lackanstriche bildet. Durch Nachbehandlung in einer 2—5proz. Wasserglaslösung während 15 min bei 90—100° mit nachfolgendem Ausglühen läßt sich die Schicht verdichten und in ihren chemischen Eigenschaften ganz wesentlich verbessern. Sehr gut bewährt hat sich für die Nachbehandlung ein Einbrenn-Kunstharzlack. Das M-B-V-Verfahren ist nur für Reinaluminium und kupferfreie Aluminium-Legierungen anwendbar.

Ähnlich arbeitet das Jirotka-Verfahren. In kalten oder heißen wäßrigen Metallsalzlösungen werden die zu schützenden Teile ½—2 min eingetaucht, abgespült und getrocknet. Die Schicht ist etwas härter als bei dem M–B–V-Verfahren und kann durch entsprechende Zusammensetzung der Bäder im Entstehen nach Wunsch eingefärbt werden.

Die elektrische Oxydation liefert reine Überzüge, die sich auszeichnen durch: 1. unlösbar feste Verbindung mit dem Grundmetall, da die Oxydschicht gewissermaßen aus dem Grundwerkstoff herauswächst; 2. sehr geringe Schichtdicke — 0,02 mm normal, 0,003 mm unterster Wert —, die zum größten Teil nach innen wächst, wodurch die Maßhaltigkeit der Teile nach der Eloxierung vollkommen gewahrt bleibt; 3. hohe Härte und Verschleißfestigkeit; 4. hohe Saugfähigkeit für Farbanstriche und Einfärbungen; 5. bedeutenden Isolationswert; 6. hohe chemische Beständigkeit; 7. hohe Absorptionsfähigkeit. Nach dem Verfahren können behandelt werden alle Aluminium-Legierungen und Reinaluminium; die Eigenschaften der erzeugten Schicht ist je nach dem Legierungstyp natürlich verschieden: höchste Härte und Verschleißfestigkeit und chemische Beständigkeit bei allen Cu-freien und Si-armen Legierungen, bei Reinaluminium und allen plattierten Legierungen; weniger harte und verschleißfeste und chemisch gut beständige Schichten bei allen Cu- und Si-reichen Legierungen und allen sonstigen Aluminium-Legierungen. Benutzt werden folgende Verfahren: das Eloxal-Verfahren; das Trisal-Verfahren; das F-B-M-Aloxier-Verfahren. Das Eloxal-Verfahren = **E**lektrolytisch **ox**ydiertes **Al**uminium — im Ausland Alumilite-Prozeß genannt — benutzt Gegenelektrode und geeigneten Elektrolyt. Zur Zeit vier Verfahren in Anwendung: Eloxal WX: Wechselstrom von 40 V; verhältnismäßig weiche Schichten von weißlicher bis messinggelber Farbe; Eloxal GX: Gleichstrom von 60 V; hochverschleißfeste Schichten von hervorragender Korrosionsbeständigkeit; Eloxal GXh: Gleichstrom von 30 V; elastische Schichten mittlerer Härte; Eloxal GS: Gleichstrom von 15—20 V; helle, meist durchsichtige Schichten von guter Härte, hervorragender Beständigkeit und guter Saugfähigkeit. Die Einfärbung dieser Schichten mit den in der Baumwollfärberei üblichen Farben ist ohne weiteres möglich; Einwirkungsdauer jeweils 20—40 min. Grundbedingung für einwandfreie Eloxierung ist eine saubere, fehlerfreie Oberfläche, die durch Behandlung mit P_3 aluco oder Trichloräthylen erreicht wird: elektrolytische Entfettung häufig benutzt. Das Nachreinigen erfolgt durch Beizen in Natronlauge mit nachfolgendem Abspülen und Passivieren in 1proz. Salpetersäure. Alle Eloxalschichten sind porös, da die Porosität eine unerläßliche Voraussetzung für die Bildung und das Wachstum der Eloxalschicht ist. Die notwendige Nachverdichtung geschieht am einfachsten durch Eintauchen in siedendes Wasser oder heiße Bichromatlösung oder Behandlung mit einer heißen Schwermetall-Azetatlösung. Ferner werden benutzt Leinölfirnis, Paraffin, Wachs und Lanolin. Mit diesen Stoffen wird die Oberfläche eingerieben, oder in diese Stoffe werden die Gegenstände eingetaucht. Wohl das einfachste Mittel ist Lackieren mit einem guten Luftlack. Besonders saugfähige Eloxalschichten dienen zur Herstellung photographischer Platten (SEO-Photoverfahren). Dabei wird der eloxierte Werkstoff mit Ammoniumchlorid und anschließend mit Silbernitrat imprägniert. Das dabei gebildete lichtempfindliche Silberchlorid kann wie photographisches Papier benutzt werden.

α) Das F-B-M-Aloxier-Verfahren. Das Verfahren arbeitet mit Gleichstrom — Werkstücke am positiven Pol, Wanne mit dem Bad am negativen Pol — von 10—15 V bei Stromstärken von 2—3 Amp/dm² — 8 Amp/dm² — 10 Amp/dm² je nach Legierung. Die Einwirkungsdauer soll ½ Stunde nicht überschreiten. Vor- und Nachbehandlung wie bei den Eloxal-Verfahren.

β) Das Trisal-Schering-Verfahren. Es arbeitet ebenfalls mit Gleichstrom oder Wechselstrom bei 16—32 V Badspannung und Stromdichten von 1,0—1,5 bis 2,5 Amp/dm²; Badspannungen und Stromdichten sind von dem zu oxydierenden Werkstoff abhängig. Die Nachbehandlung erfolgt wie bei dem Eloxal-Verfahren. Die Schichtdicke ist die gleiche.

γ) Legierungszusätze. Besondere Legierungsbestandteile ergeben wie bei den Schwermetallen ausreichenden bzw. besonderen Korrosionsschutz. Dieser Legierungsschutz ist das beste und natürlichste Mittel. Auf dieser Grundlage sind aufgebaut die Legierungen DIN 1713: A_4, A_5, A_6 und B_7, B_8, B_9 mit Mg, Si, Mn als Schutzkomponenten.

II. Magnesium und Magnesium-Legierungen.

1. Darstellung und Eigenschaften des Magnesiums.

Aus denselben Gründen wie bei Aluminium ist die Darstellung des Magnesiums aus den magnesiumhaltigen Mineralien nur auf elektrochemischem Wege möglich.

Die wichtigsten Rohstoffe für die Magnesiumgewinnung sind: Carnallit ($MgCl_2 \cdot KCl \cdot 6\,H_2O$), Magnesit ($MgCO_3$) und Dolomit (50% $MgCO_3$ · 50% $CaCO_3$). Diese drei Mineralien finden sich in genügenden abbau- und aufbereitungswürdigen Mengen angelagert an die großen Steinsalz- und Kalivorkommen südwestlich von Magdeburg und in Thüringen, so daß für viele Jahrzehnte eine vollständige Rohstoffdeckung möglich ist. Im letzten Jahre wird vorwiegend Dolomit zur Darstellung von Magnesium benutzt.

Die Darstellung des Magnesiums verläuft ebenfalls in drei Stufen:

1. Gewinnung der chemisch reinen Magnesium-Verbindungen aus den magnesiumhaltigen Mineralien;
2. Elektrolyse der so gewonnenen Magnesium-Verbindungen zu Rohmagnesium;
3. reinigendes Umschmelzen des Rohmagnesiums zu Reinmagnesium.

Zahlentafel 11. Magnesium.

Vorkommen total in der Erdrinde			1,9%
Chemisches Symbol			Mg
Atomgewicht			24,32
Spezifisches Gewicht			1,74
Schmelzpunkt			650°
Siedepunkt			1097 ∓ 3°
Schmelzwärme			46,5 cal/g
Schwindmaß			1,4%
Elastizitätsmodul			rd. 4100 kg/mm²
Gleitmodul			rd. 1500 kg/mm²
	Sandguss,	Kokillenguss,	gepreßte Stange
Zugfestigkeit	10 kg/mm²	13 kg/mm²	25 kg/mm²
Bruchdehnung	5 %	7 %	10 %
Brinellhärte	35 kg/mm²	35 kg/mm²	35 kg/mm²
Leitfähigkeit bei 20° $\frac{m}{Ohm\,mm^2}$			25, 58

Verwendungszwecke: fast ausschließlich für die Elektron-Legierungen.

Normen: Hausnormen der I. G. Farben-Industrie, Bitterfeld.

Infolge seines sehr geringen spezifischen Gewichtes schwimmt das bei der Elektrolyse gewonnene Magnesium auf dem Elektrolyten und wird oben aus dem Elektrolysiergefäß abgeschöpft. Infolgedessen befinden sich in dem Rohmetall nicht zerlegte Salzreste als Einschlüsse, Spuren von Silizium, Eisen, Aluminium, Mangan, Alkalimetalle, Oxyde und Nitride. Ein besonderes reinigendes Umschmelzen des Rohmagnesiums in gußeisernen Tiegeln, ein Durchwaschen des flüssigen Rohmetalls mit einem besonderen Salzgemisch Elrasal — einem Gemenge von Erdalkali-Chloriden, Erdalkali-Fluoriden und Magnesium-Oxyd — reinigt bei der Temperatur von 750—780° das Rohmetall weitgehendst. Das Elrasal bildet mit den Verunreinigungen eine Schlacke, die

(Fortsetzung siehe Seite 67 unten.)

Zahlentafel 12.

Elektron-Legierungen (nach Hausnormen der I. G. Farben-Industrie, Bitterfeld.

Gußlegierungen[1]:

Legierung	Farbzeichen	Elast.-Grenze (0,02%) kg/mm²	Streckgrenze (0,2%) kg/mm²	Zugfestigkeit kg/mm²	Bruchdehnung (δ_{10}) %	Einschnürung %	Druckfestigkeit kg/mm²	Elast.-Modul kg/mm²	Brinellhärte (H 5, 250, 30) kg/mm²	Kerbzähigkeit mkg/cm²	Scherfestigkeit kg/mm²	Dauerbiegefestigkeit kg/mm²	Verwendungszweck
Sandguß AZG	gelb-weiß	4 bis 5	9 bis 10,5	16 bis 20	3 bis 6	5 bis 7	33	4300	50 bis 58	0,35	14	7 bis 8	Dauerbeanspruchte Gußstücke
AZF	gelb-grün	4	8 bis 9	17 bis 21	5 bis 9	9 bis 11	32	4200	47 bis 52	0,50	13	5,5 bis 7,5	Stoßbeanspruchte Gußstücke
A9V	gelb-blau-schw.	4,5 bis 5	10 bis 11	24 bis 27	8 bis 12	8 bis 15	31	4400	56 bis 63	0,90	13 bis 14	8 bis 10	Mechanisch besonders hochbeanspruchte Teile. Die Gußstücke müssen einer thermischen Nachbehandlung unterzogen werden
AZ31	gelb-schw.	3	5,0 bis 6,5	16 bis 20	7 bis 10	12	29	4000	43 bis 48	1,00	11	5 bis 6,5	1. Wärmebeanspruchte Gußstücke. 2. Einfache gegen Gase und Flüssigkeiten dichte Gußstücke
CMSi	gelb-rot-schw.	—	5 bis 6,5	10 bis 13	2 bis 4	4 bis 7	22	—	41 bis 46	0,45	10 bis 11	—	1. Beste Dichtigkeit gegen Gase und Flüssigkeiten. 2. Hoh. Schmelzpunkt (Soliduspunkt 645°)
AM503	gelb-rot	—	3	9 bis 11	3 bis 6	5 bis 9	17 bis 18	—	35 bis 39	1,10	8,5 bis 9,5	—	Besonders korrosionsbeständige, dichte, gut schweißbare Legierung für wenig beanspruchte, kleine, einfache Gußstücke
A8K	gelb-braun-blau	4 bis 5	10 bis 11	15 bis 19	2 bis 5	4 bis 6	27 bis 30	4300	52 bis 57	0,25	12 bis 13	7 bis 8	Sehr gute Korrosionsbeständigkeit bei guten Festigkeitseigenschaften. Besondere Schmelzbehandlung erforderlich
Kokillenguß AZ91	gelb-blau-rot	5	11 bis 13	18 bis 22	2,5 bis 5	4	33	4400	60 bis 65	0,50	13	7 bis 8	Normale Kokillengußteile

[1] Die angegebenen Festigkeitswerte wurden an gesondert gegossenen Zerreißstäben ermittelt. Es kann nicht erwartet werden, daß im Gußstück selbst an allen Stellen diese Zahlenwerte erreicht werden. Hierüber sind bei Bestellung jeweils besondere Vereinbarungen zu treffen.

Zahlentafel 12 (Fortsetzung).

Legierung	Farbzeichen	Elast.-Grenze (0,02 %) kg/mm²	Streckgrenze (0,2 %) kg/mm²	Zugfestigkeit kg/mm²	Bruchdehnung (δ_{10}) %	Einschnürung %	Druckfestigkeit kg/mm²	Elast.-Modul kg/mm²	Brinellhärte (H 5, 250, 30) kg/mm²	Kerbzähigkeit mkg/cm²	Scherfestigkeit kg/mm²	Dauerbiegefestigkeit kg/mm²	Verwendungszweck
A 8	gelbbraun	4	9,5 bis 10,5	20 bis 24	5 bis 10	7 bis 12	28	4300	54 bis 60	0,65	13 bis 14	7 bis 8	**Stoßbeanspruchte, gießtechnisch einfache Kokillengußteile**
Spritzguß AZ 91	gelbblaurot	6 bis 7	15 bis 16	18 bis 20	1 bis 2	4	—	4300	62 bis 68	—	—	—	**Massenteile bis zu 1500 g Stückgewicht**

Bleche[1] [2]

Legierung	Farbzeichen	Elast.-Grenze (0,02%) kg/mm²	Streckgrenze (0,2%) kg/mm²	Zugfestigkeit kg/mm²	Bruchdehnung % [3]	Elast.-Modul kg/mm²	Brinellhärte (H 5, 250, 30) kg/mm²	Verwendungszweck	Verwendungsbeispiele
AM 503	gelbrot	5	8—14	19—23	5—10[2]	3900	39—42	Für zu schweißende Teile, erhöhte Korrosionsfestigkeit	Brennstoffbehälter, Außenverkleidungen
AZM	weiß	10	18—22	28—32	10—14	4300	58—63	Konstruktionsmaterial für Leichtbau	Beanspruchte Flugzeugteile, gezogene Profile
AZ 31	gelbschw.	—	16—18	25—28	12—18	4100	55—60	Ätzplatten	Ätzplatten

[1] Die für Bleche angegebenen Werte gelten für Blechdicken von 1 mm und darüber. Bei Dicken unter 1 mm liegt die Zugfestigkeit um etwa 1 kg/mm², die Bruchdehnung um etwa 1% niedriger. Bei dickeren Blechen der Legierung AM 503 sind die Mindestwerte für die Dehnung ebenfalls etwas niedriger; sie betragen bei Blechdicke von 2,5—4,9 mm 3,5%, bei Blechdicke von 5 mm und darüber 3,0%.

[2] Die Tabellenwerte gelten auch für aus Blechstreifen in der Wärme gezogene Profile.

[3] Meßlänge 80 mm.

(Fortsetzung von Seite 65.)

oberhalb des Metallbades schwimmt und dieses vor weiterer Verunreinigung und Oxydation schützt. Das auf diese Weise hergestellte Magnesium hat durchschnittlich einen Reinheitsgrad von 99,7%. Es ist ohne weiteres möglich, für besondere Zwecke das Magnesium mit so hohem Reinheitsgrad herzustellen, daß die normale Analyse keine Verunreinigungen mehr nachweist.

Die wichtigsten Daten des reinen Magnesiums zeigt Zahlentafel 11.

Zahlentafel 12 (Fortsetzung).

Preß- und Schmiedelegierungen[1,2].

Legierung	Farbzeichen	Elast.-Grenze (0,02%) kg/mm²	Streckgrenze (0,2%) kg/mm²	Zugfestigkeit kg/mm²	Bruchdehnung (δ_{10}) %	Einschnürung %	Druckfestigkeit kg/mm²	Quetschgrenze (0,2%) kg/mm²	Elast.-Modul kg/mm²	Brinellhärte (H 5, 250, 30) kg/mm²	Kerbzähigkeit mkg/cm²	Scherfestigkeit kg/mm²	Dauerbiegefestigkeit kg/mm²	Verwendungszweck
AZM	weiß	17 bis 19	20 bis 22	28 bis 32	11 bis 16	25 bis 30	35 bis 38	12	4500	60 bis 65	1,00 bis 1,40	14 bis 16	13	**Für beanspruchte Konstruktionsteile**
AZ 855	weiß-schw.-gelb	18 bis 20	21 bis 23	29 bis 32	8 bis 12	13 bis 18	36 bis 38	12 bis 20[3]	4500	68 bis 75	0,60 bis 0,80	14 bis 16	13 bis 14	**Für hochbeanspruchte Schmiedestücke (Luftschrauben)**
V 1	blau	19 bis 21	23 bis 28	33 bis 37	7 bis 9	9 bis 12	37 bis 40	13	4500	70 bis 78	0,40	16	12	Teile mit besonderer Härte
V 1 w	blau-rot	19 bis 21	23 bis 26	33 bis 37	9 bis 12	13 bis 18	35 bis 38	13	4400	65 bis 73	0, 75 bis 1,00	16	12	
V 1 h	blau-gelb	22 bis 24	26 bis 30	37 bis 42	2 bis 5	3 bis 6	40 bis 45	13	4600	87 bis 95	0,30	18	13	
AZ 31	gelb-schw.	14 bis 16	18 bis 20	25 bis 28	8 bis 12	30 bis 35	34 bis 36	10,5	4300	53 bis 58	1,00 bis 1,40	13 bis 15	10	**Leicht verformbares Konstruktionsmaterial**
Z 1 b	rot	9 bis 13	16 bis 18	25 bis 27	15 bis 18	25 bis 30	34 bis 36	10,5	4300	51 bis 56	1,20	13 bis 15	9	**Für farbig zu beizende Teile**
AM 503	gelb-rot	8 bis 10	14 bis 17	19 bis 23	1,5 bis 5	5	30 bis 32	11,5	4200	41 bis 46	1,00	12 bis 14	7	**Für Preß- und Profilteile, die eingeschweißt werden sollen**

[1] Die Oberfläche der Prüfstäbe, besonders der Dauerbiegestäbe, soll glatt und frei von Kerben sein.

[2] Die in der Zahlentafel enthaltenen Zahlen wurden an Stäben ermittelt, die in der Längsrichtung aus der Mittelzone gepreßter Stangen von ausreichendem Verpressungsgrad (bis 80 mm Durchmesser) entnommen wurden; bei größeren Querschnitten sind die Werte entsprechend niedriger. Die Zahlen gelten auch für Rohre von 1 mm Wandstärke und darüber; bei geringeren Wandstärken liegt die Zugfestigkeit um 1 kg/mm², die Bruchdehnung um 1% niedriger. Die Festigkeitszahlen von Schmiedestücken hängen in größerem Maße von der Eigenart der einzelnen Teile ab; Angabe von Garantiewerten nur nach besonderer Vereinbarung.

[3] Je nach Art des Schmiedestückes.

Magnesium ist noch nicht genormt. Im Gegensatz zu Aluminium wird Magnesium fast vollständig zur Darstellung von Magnesium-Legierungen — Elektron-Legierungen — benutzt. Reinmagnesium wird in der Technik als reines Metall nur zur Desoxydation von Eisen- und Nichteisenmetall-Legierungen, als Baustoff überhaupt nicht verwendet. Als reines Metall wird es benutzt in der Pyrochemie, zur Herstellung von Magnesiumfackeln, Raketen, bengalischen Feuern, Brandsätzen u. ä., in der Photographie zur Herstellung von Blitzlichtpulvern u.ä. und in der Heilkunde.

Zur Darstellung von 1 kg Magnesium sind 20—22 kWh elektrischer Energie notwendig mit etwa den gleichen Spannungs- und Stromverhältnissen wie bei Aluminium. Der Schwerpunkt der deutschen Magnesiumerzeugung befindet sich bei der I. G. Farbenindustrie, Abt. Elektronmetall in Bitterfeld. Dort werden etwa 75% der gesamten Welterzeugung an Magnesium hergestellt (im letzten Jahre schätzungsweise 6000—7000 t).

2. Die Magnesium-Legierungen und ihre Eigenschaften.

Die Magnesium-Legierungen sind durch die deutschen Industrie-Normen noch nicht erfaßt. Dagegen hat die Hauptherstellerin, die I. G. Farbenindustrie in Bitterfeld, seit längerer Zeit vortrefflich ausgearbeitete Hausnormen herausgegeben, die einen ähnlichen Aufbau zeigen wie DIN 1713 (s. Zahlentafel 2).

Zahlentafel 13. Zusammensetzung der Elektron-Legierungen.

Legierung	% Al	% Zn	% Mn	% Si	Mg
a) Gußlegierungen:					
AZG	6	3	0,2—0,5	—	Rest
AZF	4	3	0,2—0,5	—	Rest
A9V	8,5	0,5	0,2—0,5	—	Rest
AZ31	3	1	0,2—0,5	—	Rest
CMSi	—	—	—	1—1,5	Rest
AM503	—	—	1,5—2,0	—	Rest
AZ91	9	1	0,2—0,5	—	Rest
b) Blechlegierungen:					
AM503	—	—	1,5—2,0	—	Rest
AZM	6—6,5	1	0,2—0,5	—	Rest
AZ31	3	1	0,2—0,5	—	Rest
c) Preß- und Schmiedelegierungen:					
AZM	6—6,5	1	0,2—0,5	—	Rest
AZ585	8	0,5	0,1—0,3	—	Rest
V1	10	—	0,2—0,5	—	Rest
AZ31	3	1	0,2—0,5	—	Rest
Z1b	—	4,5	—	—	Rest
AM503	—	—	2	—	Rest

Mit Rücksicht auf den Verformungswiderstand der einzelnen Knetlegierungen sind diese in Blech- und Preß- bzw. Schmiedelegierungen unterteilt worden.

Die Zusammensetzung einiger wichtiger Magnesium-Legierungen zeigt Zahlentafel 13.

3. Die spanlose Formgebung der Magnesium-Legierungen.

Da Reinmagnesium in der Technik nicht benutzt wird, kommt nur die spanlose Formgebung der Magnesium-Legierungen — der Elektron-Legierungen — in Frage. Diese erfolgt auf Grund der Gießbarkeit durch Gießen, auf Grund der Geschmeidigkeit (Duktilität) bei höheren Temperaturen — Warmverformung oder Warmformgebung — und bei gewöhnlichen Temperaturen (20 bis 100°) — Kaltverformung oder Kaltformgebung.

a) Das Gießen.

Zur Herstellung von Gußstücken aus Elektron-Legierungen und ähnlich zusammengesetzten Legierungen von Sonderfirmen werden die auch sonst in der Metalltechnik üblichen Verfahren: Sandguß, Schalenguß (Kokillenguß) und Preßguß benutzt.

Die für die Formgebung der Gießlinge aus Elektron-Legierungen zu beachtenden Regeln sind im wesentlichen dieselben wie bei Aluminium und seinen Legierungen. Dabei ist besonders zu beachten, daß alle Elektron-Legierungen noch bedeutend kerbempfindlicher, gießempfindlicher und spannungsempfindlicher sind als die Alu-Leichtmetalle. Deshalb sind die dort angegebenen Regeln bezüglich der Gestaltung besonders gründlich zu beachten, um einwandfreie und spannungsfreie Gußstücke zu erhalten.

α) Sandguß. Benutzt werden zur Herstellung von Sandgußstücken vorwiegend die Elektron-Gußlegierungen AZG—A8K (Zusammensetzung und Festigkeitswerte s. Zahlentafel 12 und 13).

Die Formtechnik und die Modellanfertigung sind die gleichen wie bei Aluminium-Legierungen. Gewöhnlich ist steigender Guß mit Rücksicht auf schlacken- und blasenfreie Gießlinge anzuwenden. Benutzt werden dieselben Formsande wie bei Alu-Legierungen mit Zusätzen von 3—10% Schwefel und 0,3—1% Borsäure. Für grüne Kerne wird derselbe Formstoff benutzt. Trockene Kerne werden aus Quarzsand mit Leinöl oder Reisstärke als Kernbinder hergestellt. Die fertige Form wird vor dem Guß mit Schwefel gut ausgestäubt; auf gute Entlüftung der Form und der Kerne ist besonders zu achten. Reichlich bemessene Steiger und verlorene Köpfe sind anzuordnen; der Anschnitt soll von unten erfolgen in derselben Art wie bei Alu-Legierungen.

Umgeschmolzen wird in mit Koks, Öl oder Gas beheizten Tiegelöfen mit Stahltiegeln. Falls Gußbruch mit eingesetzt wird, ist er vom anhaftenden Sand sorgfältig zu reinigen, da sonst infolge Reduktion der Kieselsäure Silizid aufgenommen werden würde, das den Guß spröde macht. Zur Raffination und zum Schutz vor Oxydation wird das flüssige Bad bei 730—760° mit Elrasal — einem Gemisch von Erdkali-Chloriden, Erdkali-Fluoriden und Magnesiumoxyd — mehrfach durchgerührt. Die sich bildende Salzdecke schützt das Bad vor weiterer Oxydation; nach Überhitzung auf 850° wird das Bad auf die Gießtemperatur von 720—770° (800 und 650° als Grenzwerte) abgekühlt und dann vergossen.

Vor dem Guß wird die Salzdecke zurückgehalten und das Bad mit Schwefelpulver eingestäubt. Es bildet sich dabei eine dünne Decke von Magnesiumsulfid, die das Metall wirksam vor Oxydation schützt. Beim Gießen ist die Tiegelschnauze dicht über die Form zu halten, jedes Spritzen und Umfüllen ist peinlichst zu vermeiden. Nach dem Guß ist sofort der Kasten aufzustoßen, da sonst wegen der geringen Warmfestigkeit Risse auftreten. Die rohen Gießlinge werden geputzt nach denselben Verfahren wie bei Alu-Legierungen. Nach dem Putzen werden die Gießlinge gebeizt in einer heißen Beize — Chromat-Salpetersäurebeize bestehend aus 100 l Wasser, 20—21% Salpetersäure und 18 kg Kalium-Bichromat — etwa ½—2 min, dann gründlich in kaltem und heißem Wasser nachgespült und getrocknet. Sie erhalten dadurch einen dünnen Überzug von messinggelber Farbe, der die Korrosionsbeständigkeit des Gießlings erhöht und sein Aussehen verbessert.

β) Schalenguß (Kokillenguß). Benutzt werden für den Schalenguß die Gußlegierungen AZ 91 und A 8 (Zusammensetzung und Festigkeitswerte in Zahlentafeln 12 und 13) und ähnlich aufgebaute Sonderlegierungen von Spezialfirmen. Als Formenbaustoffe werden dieselben Stähle benutzt wie bei Alu-Legierungen. Mit Rücksicht auf den bedeutend geringeren Wärmeinhalt der Elektron-Legierungen sind möglichst dünnwandige Kokillen zu benutzen, um sie mit Sicherheit auf der hohen Kokillentemperatur 250—350° halten zu können. Da infolge des geringen spez. Gewichts — 1,74 — der hydrostatische Druck sehr niedrig ist, muß die Form besonders sorgfältig entlüftet werden. Um Oxydation und Anbrennen in der Form zu vermeiden, wird diese mit einer borsäurehaltigen Schlichte vor dem Guß ausgestrichen.

Als Umschmelzöfen werden kippbare Tiegelöfen benutzt. In diesen wird das Gußmetall unter einer Salzdecke flüssig gehalten. Die Reinigung des Metallbades erfolgt wie beim Sandguß durch mehrfaches Durchrühren bzw. Durchwaschen mit Elrasal. Aus dem kippbaren Ofen wird die benötigte Metallmenge durch Kippen in den Gießlöffel entnommen und aus diesem die Form gefüllt. Das sonst übliche Ausschöpfen kommt wegen der Salzdecke und der dadurch bedingten Verunreinigung des Metallbades nicht in Frage.

Die Putz- und Beizbehandlung des Gießlings ist die gleiche wie beim Sandguß.

γ) Spritzguß. Für Spritzgußteile werden benutzt: Legierung AZ 91 (Zusammensetzung und Festigkeitswerte in Zahlentafeln 12 und 13), Magnewin —

9% Aluminium, 1% Zink, 0,2—0,5% Mangan, Rest Magnesium mit 18 bis 22 kg/mm² Zugfestigkeit, 3—1% Bruchdehnung, 60—70% Brinellhärte — und ähnlich aufgebaute Sonderlegierungen von Spezialfirmen.

Für die Gestaltung des Spritzgußteiles gelten die bei Aluminium-Spritzguß angegebenen Gesichtspunkte, wobei die bei Sandguß besprochenen Sonderheiten der Elektron-Legierungen beachtet werden müssen. Die Wandstärke darf unter 0,8 mm nicht heruntergehen; die Stückgewichte schwanken zwischen 15 und 1500 g; die Stückgrößen sind nach oben begrenzt mit 0,5×0,5 m² Oberfläche. Die Grenze der Wirtschaftlichkeit für Spritzgußstücke liegt oberhalb von 1000 Stück. Dabei darf wie auch bei Schalenguß nicht vergessen werden, daß bei Verwendung sowohl von Spritzguß- wie auch von Schalengußteilen es möglich ist, sehr verwickelt aufgebaute Stücke herzustellen, daß die Bearbeitung schon bei Schalengußteilen bedeutend geringer ist als bei Sandguß, und daß bei Spritzgußteilen die Bearbeitung fast vollkommen wegfällt. Dazu kommen noch: eine bedeutend bessere Oberflächengüte, ein von Feinlunkern und Blasen freier vollkommen dichter Guß und damit bedeutend bessere Festigkeitseigenschaften.

Für die Formen werden dieselben Baustoffe benutzt wie bei Aluminium-Legierungen. Auf besonders dünnwandige Formen ist wie bei Schalenguß besonders zu achten. Die Entlüftung muß besonders sorgfältig geschehen. Um Anbrennen zu verhüten, werden die Formen mit Schwefelblüte ausgestäubt. Benutzt werden Preßluft-Gießmaschinen der auch sonst benutzten Bauart. Beim Umschmelzen sind die gleichen Regeln zu beachten, wie bei Sandguß und Schalenguß.

Nach dem Abgraten werden die Spritzgußteile wie die anderen Elektron-Gußteile in einem Salpetersäure-Chromat-Gemisch gebeizt und gewöhnlich mit einem Schutzlacküberzug versehen (s. Oberflächenbehandlung und Oberflächenschutz von Elektron-Legierungen).

δ) Preßguß. Für den Preßguß werden dieselben Elektron-Legierungen benutzt, wie für Kokillenguß und Spritzguß. Die gleichen Maschinen wie für Aluminiumpreßguß können benutzt werden. Die Preßgußteile zeichnen sich durch besonders dichtes und feines Gefüge, sehr gute Oberflächenbeschaffenheit und günstige Festigkeitseigenschaften aus. Die dichte und feine Oberfläche ermöglicht ein einwandfreies Schleifen und Polieren. Die Beiztechnik ist die gleiche wie bei Spritzguß.

Das gute Formfüllvermögen und die leichte Gießbarkeit machen die Elektron-Legierungen besonders geeignet zur Herstellung von Spritzguß- und Preßgußteilen.

b) Die Warmformgebung.

Benutzt werden für die Warmformgebung die Elektron-, Schmiede-, Walz- und Blech-Legierungen. Die Legierungen sind nach dem beabsichtigten Verwendungszweck auszuwählen. Zahlentafel 12 gibt dafür Vorschläge. Auch bei den Elektron-Legierungen ist die Warmverformungstemperatur bzw. die Temperaturspanne genauestens einzuhalten, da sonst nicht rückgängig zu machende Gefügeänderungen stattfinden, die sehr stark gütemindernd wirken bzw. den Werkstoff vollkommen verderben. Die Warmverformung erfolgt durch Schmieden, Pressen, Gesenkschmieden, Strangpressen, Walzen und Warmziehen. Zum Vorwärmen auf die erforderliche Verformungstemperatur werden vorwiegend elektrisch beheizte Öfen benutzt, seltener öl- und gasbeheizte Muffelöfen. Salzbadöfen kommen wegen der Korrosion nicht in Frage. Auf besonders sorgfältiges und gleichmäßiges Durchglühen (15—20 Stunden) ist besonders zu achten, damit das Gefüge homogenisiert und der Stauchgrad (Schmiedbarkeit) erhöht wird. Es ist mit niedrigen Arbeitsgeschwindigkeiten zu verformen: Walzen 30 m/min, Warmziehen 2 mm/s, da sonst infolge Abrutschens der Kristalle unsaubere, rissige Oberflächen entstehen und bei zu großer Stichabnahme das Gefüge kaltbrüchig wird. Bei Überschreitung der Verformungstemperatur werden die Legierungen warmbrüchig.

Die günstigsten Verformungstemperaturen und Legierungen sind: Blechwalzen: 280—350° Legierungen AM 503, AZ 31, AZM. Schmieden: 320 bis 350° Legierung AZM. Pressen: 340—380° Legierung AZ 855. Strangpressen: 350—400° Legierung AZ 855, 320—380° Legierung AZM, 340—370° Legierung V_1, 300—400° Legierung AZ 31, 250—300° Legierung Z 16, 300—420° Legierung AM 503.

Beim Walzen werden dieselben Walzwerke wie bei Aluminium und Aluminium-Legierungen benutzt. Auf besonders saubere Oberfläche der Walzen und des Walzgutes ist peinlichst zu achten, da sonst Oberflächenfehler entstehen, die einen Oberflächenschutz und eine Oberflächenbehandlung unmöglich machen. Gewalzt werden nur auf hydraulischen Pressen vorgepreßte Blöcke. Die Bleche werden hart oder weichgeglüht geliefert. Das Weichglühen erfolgt durch einstündiges Erhitzen auf 300°. Zum Schmieden werden nur hydraulische Pressen benutzt, da sie mit der für Elektron-Legierungen notwendigen und sehr wichtigen geringen Verformungsgeschwindigkeit arbeiten und gleichmäßigen Gefügeaufbau bewirken. Beim Pressen im Gesenk müssen die Gesenke mindestens die Temperatur der zu verformenden Legierung haben, um das einwandfreie Ausfüllen des Gesenkes zu ermöglichen und die bei kälteren Gesenken an den Ecken infolge Abschreckwirkung auftretenden Kantenrisse zu verhindern. Fallhämmer sind wegen ihrer hohen Verformungsgeschwindigkeit für Gesenkarbeiten von Elektron-Legierungen nicht geeignet. Bei Gesenkpreßarbeiten muß mit einer Druckaufnahme von 800—1000 kg/cm^2 je cm^2 verformter Oberfläche gerechnet werden.

Zum Strangpressen werden die gleichen Pressen verwendet, wie bei Aluminium und seinen Legierungen. Benutzt wird nur das direkte Preßverfahren (Verfahren mit Reibung), da je nach der verpreßten Legierung durch entsprechende Bemessung der Reibfläche in der Matrize der Materialfluß auch bei unregelmäßig geformten Profilen und damit die Fließgeschwindigkeit geregelt werden kann. Der Preßdruck ist höher als bei Aluminium-Legierungen, die Preßgeschwindigkeit bedeutend niedriger zu wählen. Die vorwiegend aus Chrom-Wolframstählen hergestellten Matrizen sind dauernd auf der für die

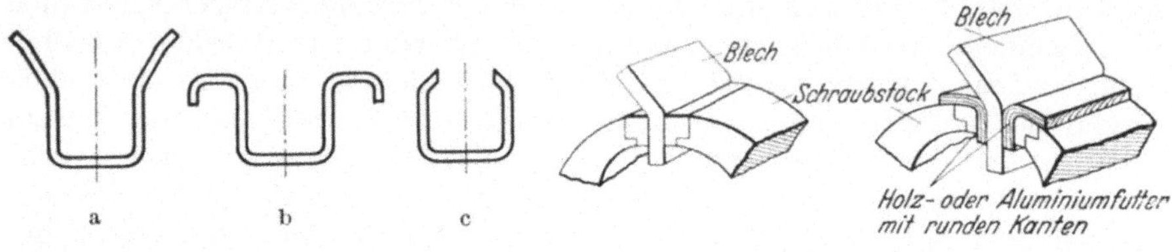

Abb. 35. Warmgezogene Profile aus Elektron. a) Vorform, b) volloffenes Fertigprofil, c) halboffenes Fertigprofil. Vorform und Form „c" mit Matrizen und Profilrollen herstellbar; Form „b" nur mit Matrizen herstellbar.

Abb. 36. Schraubstockfutter für Elektron. a) falsch: Blech reißt ein, b) richtig: Blech wird geschont; sauberes Werkstück.

Legierung günstigsten Temperatur zu halten, um Kantenrisse und grobkörniges Gefüge zu vermeiden. Mit steigendem Verpressungsgrad erhöht sich die Festigkeit des Profils. Zur Erhöhung der Maßgenauigkeit können die einfachen Profile nachgezogen werden.

Beim Profilziehen werden die auf Maß geschnittenen und auf die vorgeschriebene Temperatur erhitzten Bänder durch geheizte Gesenke, deren Temperatur 50° höher liegen muß als die Verformungstemperatur, mit 2—4 m/min für stärkere Bleche und 4—6 m/min für dünnere Bleche gezogen. Um Kantenrisse zu vermeiden, soll der Biegungshalbmesser mindestens 1,5 bis 2×Blechstärke betragen. Als Schmiermittel dient Öl mit hochliegendem Flammpunkt. Zum Warmziehen werden Profilrollen oder nachstellbare Matrizen aus Chrom-Wolframstahl benutzt (Abb. 35). Bei kleineren Verformungsarbeiten in der Werkstatt wird das Blech mit offener Flamme — Azetylen oder Leuchtgas mit Preßluft — auf die vorgeschriebene Temperatur angewärmt. Bei länger dauernder Arbeit ist mehrfaches Erwärmen notwendig. Schraubstock und Spannfutter — stets mit Holz- oder Aluminiumbeilagen mit gut ausgerundeten Kanten (Abb. 36) — sind zweckmäßig ebenfalls zu erwärmen. Treibarbeiten sollen

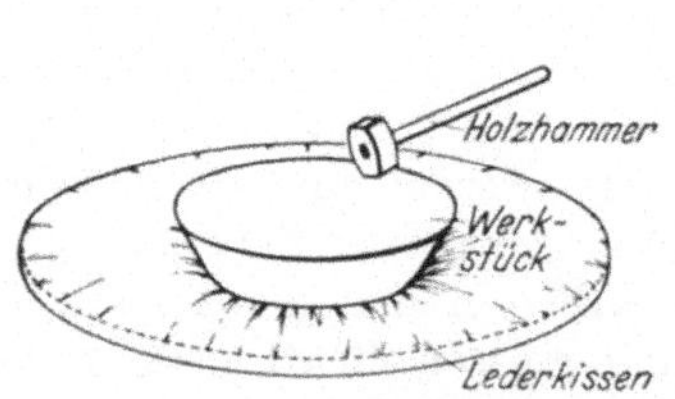

Abb. 37. Treibarbeiten bei Elektron. Werkstück mehrfach vorwärmen.

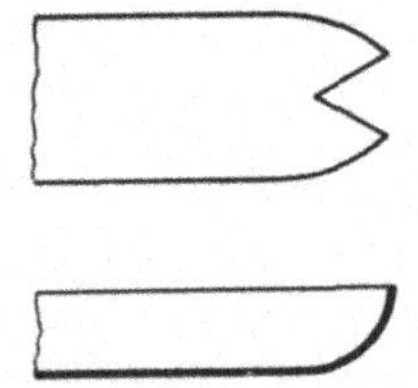

Abb. 38. Ersatz schwieriger Treibarbeiten durch Gas-Schmelzschweißung.

stets mit mehrfacher Erwärmung mittels Holzhammer auf Lederkissen (Abb. 37) vorgenommen werden. Bei schwierigen Treibarbeiten wie Motorhauben u. ä. kann die Arbeit durch autogenes Schweißen der entsprechend eingeschnittenen Bleche sehr vereinfacht werden (Abb. 38). Die durch Feilen und Schaben geglätteten Schweißnähte lassen sich bei der entsprechenden Temperatur wie das ungeschweißte Blech verformen. Beim Falzen sind die Sickenrollen zu erwärmen. Beim Tiefziehen sollen die Werkzeuge auf 450—500° Temperatur gehalten werden; als Schmiermittel ist heißflüssiges Palmin — rd. 200° — zu benutzen, die Tiefziehgeschwindigkeit soll 2 mm/s nicht überschreiten.

Nach der Warmformgebung werden alle Teile in Salpetersäure-Chromatbeizen gebeizt.

c) Die Kaltformgebung.

Wegen der sehr hohen Kantenrißempfindlichkeit und der infolge von Kaltreckspannungen vorhandenen Neigung zur Spannungskorrosion — eine Ausnahme macht Legierung AM 503 — soll die Kaltverformung aller Elektron-

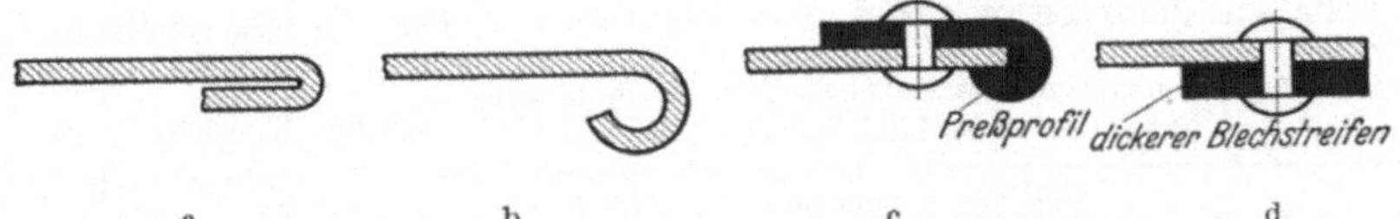

Abb. 39. Ausbildung von Ecken- und Versteifungen bei Elektron.
a) Unmöglich; Blech bricht. b) Zu teuer. c) u. d) Übliche und gute Ausführung.

Legierungen auf das Kleinstmaß eingeschränkt werden. Die Biegehalbmesser sollen betragen: bei Legierung AZM 5—10 × Blechstärke, bei Legierung AM 503 4—10 × Blechstärke. Wegen der hohen Kerbempfindlichkeit dürfen Elektron-Legierungen niemals mit der Reißnadel angerissen werden, sondern nur mit einem weichen Bleistift.

Wellblech kann kalt hergestellt, auf Richtmaschinen gerichtet und gebogen werden. Nach der Kaltformgebung soll stets bei 150—300° nachgeglüht werden. Alle scharfen Ecken sind peinlichst zu vermeiden, da sie Anlaß zu Kantenrissen und damit zu Dauerbrüchen sind. Falls trotzdem Risse eingetreten sind, sind sie sorgfältig abzubohren und Verstärkungsbleche unter die abgebohrten Risse zu nieten (Abb. s. Nieten). Größere Verformungsarbeiten sind stets warm durchzuführen. Das Kaltfalzen ist unmöglich. Das Aussteifen von Ecken bzw. Aussteifen von Blechkanten soll durch Aufnieten von dickeren Blechstreifen oder von Strangpreßprofilen geschehen (Abb. 39).

4. Die spanende Bearbeitung der Elektron-Legierungen.

Die Bearbeitung aller Elektron-Legierungen ist mit Sonderwerkzeugen ohne weiteres, im allgemeinen bedeutend besser als bei Aluminium und seinen Legierungen möglich. Bezüglich der Bearbeitbarkeit sind alle Elektron-Legierungen mindestens den Klassen 4 und 4a der Alu-Legierungen gleichzusetzen; die Werte für den Kraftbedarf liegen 15—20% niedriger als bei Klasse 4a. Da möglichst hohe Schnittgeschwindigkeiten mit Rücksicht auf größte Oberflächengüte wünschenswert sind, sind für Massenanfertigung Sondermaschinen notwendig. Als Werkzeugbaustoffe kommen in Frage: Schnellstahl (mittel- und hochlegiert), Hartmetalle und Diamanten.

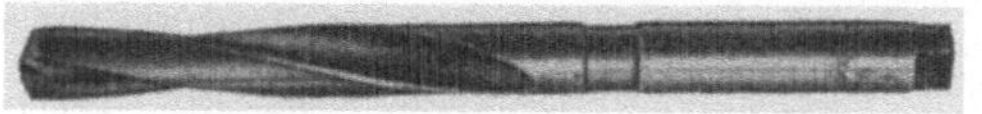

a) Bohrer für Löcher = 6 × Lochdurchmesser, steile Spirale; Spitzenwinkel 118—120° (Wesselmann).

b) Bohrer für Löcher > 6 × Lochdurchmesser; verschiedene Steigungen; Spitzenwinkel 110° (R. Stock & Co.).

Abb. 40. Sonderbohrer für Elektronlegierungen.

Für die Wahl der Sonderwerkzeuge und über ihre Bauarten gilt mit Ausnahme der Bohrer im wesentlichen dasselbe wie bei den Werkzeugen für die Bearbeitung von Aluminium und seinen Legierungen. Bis zu einer Bohrtiefe = 6 × Lochdurchmesser werden Bohrer mit steiler Spirale von 10 bis 12° Steigung und einem Spitzenwinkel von 118—120°, für Bohrungen über 6 × Lochdurchmesser Bohrer mit flacher Spirale von 40—45° Steigung und einem Spitzenwinkel von 100—116° (Abb. 40) verwendet. Häufig wird dabei noch eine Zentrierspitze angebracht; stets ist diese beim Bohren von Blechen vorteilhaft. Hartmetall-Werkzeuge sind zu empfehlen.

Im allgemeinen er-

Zahlentafel 14. Schnittgeschwindigkeit für die Bearbeitung von Elektron-Legierungen.

Bearbeitung		Schnittgeschwindigkeiten V m/min	Vorschub mm/Umdrehung	Bemerkungen
Drehen	Schruppen	200—450	0,3—0,6	
	Schlichten	300—700	0,05—0,15	
Fräsen	Schruppen	120—200	0,2—0,4	
	Schlichten	200—450	0,05—0,15	
Bohren	t ≦ 6 d	80—120 ((200))	0,28—1,10 (0,3—1,00)	je nach Bohrerdurchmesser ist der Vorschub zu wählen. () übliche Werte. (()) Grenzwerte.
	t ≧ 6 d	100—150 ((230))	0,20—1,00 (0,3—0,6)	
Reiben		20—60 (35)	0,35—1,00 (0,55)	() übliche Werte.
Senken		60—90	0,4—0,85	
Gewindeschneiden		10—20 (15)		() üblicher Höchstwert.
Sägen	Bandsägen	1000—2500		
	Kreissägen	300—600		

folgt die Bearbeitung mit spanenden Werkzeugen trocken; bei hohen Schnittgeschwindigkeiten und Schnittleistungen ist Preßluftkühlung vorteilhaft, besonders wenn die Wärmeableitung schlecht ist, wie z. B. bei der Automatenarbeit. Infolge der durch falsche oder stumpfe Werkzeuge erzeugten Reibungswärme können feine Späne in Brand geraten; grobe Späne und stärkere Stücke brennen nicht. Beginnende Spanbrände können durch Aufdrücken grober Guß- oder Elektronspäne erstickt werden, größere Spanbrände werden durch Abdecken mit Graugußspänen oder trockenem Sand gelöscht. Wasser und die üblichen Feuerlöschgeräte dürfen nicht benutzt werden.

Die in Zahlentafel 14 angegebenen Werte für die Arbeitsgeschwindigkeiten sind Mittelwerte bei der Verwendung von Sonderwerkzeugen aus Schnellstahl auf guten Werkzeugmaschinen. Sondermaschinen ergeben bedeutend höhere Werte; die oberste Grenze ist noch nicht erreicht.

Bei Verwendung von Hartmetall-Werkzeugen kann gesetzt werden:

	Schnittgeschwindigkeit	Vorschub
Drehen: Schruppen	600— 900 m/min	0,8—1,1
Schlichten	1000—1500 m/min	0,1—0,2
Fräsen: Schruppen	300— 500 m/min	so hoch, daß stoßfreies
Schlichten	500— 700 m/min	Arbeiten gewährleistet ist
Bohren:	bis 350 m/min	0,25

Beim Bohren ist auf die Maßgenauigkeit des Loches zu achten. Ein Übermaß von 0,5—1,5% ist das übliche; beim Bohren langer Löcher mit sehr hohen Schnittgeschwindigkeiten kann die Bohrung sogar etwas enger ausfallen. Zur Vermeidung dieses Übelstandes empfiehlt sich Preßluftkühlung und eine Schnittgeschwindigkeit bis höchstens 120 m/min bei 0,25 mm Vorschub je Umdrehung.

Für das Reiben gilt dasselbe wie bei Aluminium und seinen Legierungen. Über das Schleifen von Elektron-Legierungen vgl. Oberflächenbehandlung.

5. Die Zusammenfügungsarbeiten der Elektron-Legierungen.

Die Verbindung von Elektron-Legierungen erfolgt durch: Schrauben, Nieten, Löten, Schweißen. Die bei Aluminium und seinen Legierungen noch benutzten Falzverbindungen können bei Elektron-Legierungen wegen ihrer hohen Kantenrißempfindlichkeit nicht ausgeführt werden. Bei allen Verbindungsarbeiten ist mit größter Sorgfalt zu verfahren, um Korrosion zu vermeiden bzw. vollkommen unmöglich zu machen.

a) Schraubverbindungen.

Als Werkstoffe sind für die Schrauben die Legierungen Hy 5 bzw. Hy 7 bei hochbeanspruchten Schraubenverbindungen, bei weniger stark beanspruchten Schraubenverbindungen Reinaluminium zu verwenden. Hydronalium und Reinaluminium ergeben mit den Elektron-Legierungen keine Lokalelemente, also keine Korrosion. Schrauben aus Stahl, Kupfer und kupferhaltigen Aluminium-Legierungen dürfen nicht benutzt werden. Mittelfeine, gut scharf geschnittene Gewinde sind zu bevorzugen; der Kerndurchmesser ist wegen der geringeren Kerbzähigkeit größer zu wählen als für gleiche Belastung bei Stahl. Holzschrauben sind vor der Benutzung in Lack (Kunstharzlack, Nitrolacke usw.) zu tauchen und zwischen Holz und Elektronblech oder Profil eine Isolationsscheibe aus Schichtstoff (Hares, Resitext u. ä.) zu legen (Abb. 41).

Bei Verbindung mit anderen Metallen und Holz sind die Schraubenmuttern und Schraubenköpfe durch gut überstehende Unterlegscheiben aus Schichtstoff zu isolieren und die zu verbindenden Teile an der Berührungsstelle durch Lackieren gegen Korrosion zu schützen.

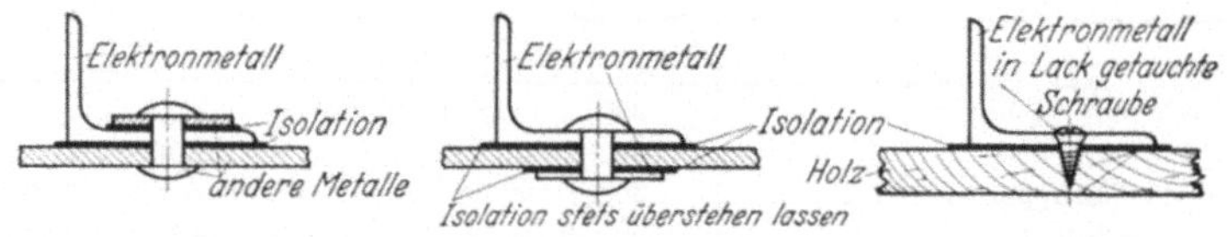

Abb. 41. Isolation von Verbindungen bei Elektron gegen Korrosion.

b) Nietverbindungen.

Als Werkstoff für die Niete ist zu wählen: für hochbeanspruchte Verbindungen Hy 3 und Hy 5; bei allen Legierungen für wenig beanspruchte Verbindungen Reinaluminium.

Niete aus Schwermetall und kupferhaltigen Aluminium-Legierungen dürfen nicht benutzt werden. Es soll gewählt werden:

bei Blechstärke:	0,3—1;	1—1,5;	1,2—2;	1,5—2,5;	2—3;	2,5—3,5 mm.
der Nietdurchmesser:	2,5	3,0	3,5	4	5	6 mm.

Die Nietlöcher dürfen nicht gestanzt werden; auf Risse am Nietloch ist besonders zu achten; auftretende Risse sind abzubohren und gegebenenfalls zu unterfüttern. Die Niete dürfen nicht zu nahe aneinander sitzen. Der Abstand untereinander soll mindestens 3 × Nietdurchmesser und der Abstand vom Blechrande mindestens 2 × Nietdurchmesser betragen. Zu lange Nietschäfte verursachen leicht ein Aufreißen des Nietloches und sind zu vermeiden. Es wird stets kalt genietet, entweder von Hand oder mit Preßluft oder Druckwassermaschinen unter Verwendung von Kreuzstegdöppern. Das Niet ist fest anzuziehen und richtig zu schlagen (s. Abb. 42). Ausführung der Nietung wie bei Aluminium und seinen Legierungen; ebenso werden die gleichen Nietformen benutzt.

Bei richtig ausgeführten Nieten kann gesetzt werden: Scherfestigkeit des kaltgeschlagenen Nietes = 20 kg/mm², Lochleibungsdruck = 40 kg/mm². Die Berechnung des Niets erfolgt nach denselben Grundsätzen wie bei Aluminium und seinen Legierungen.

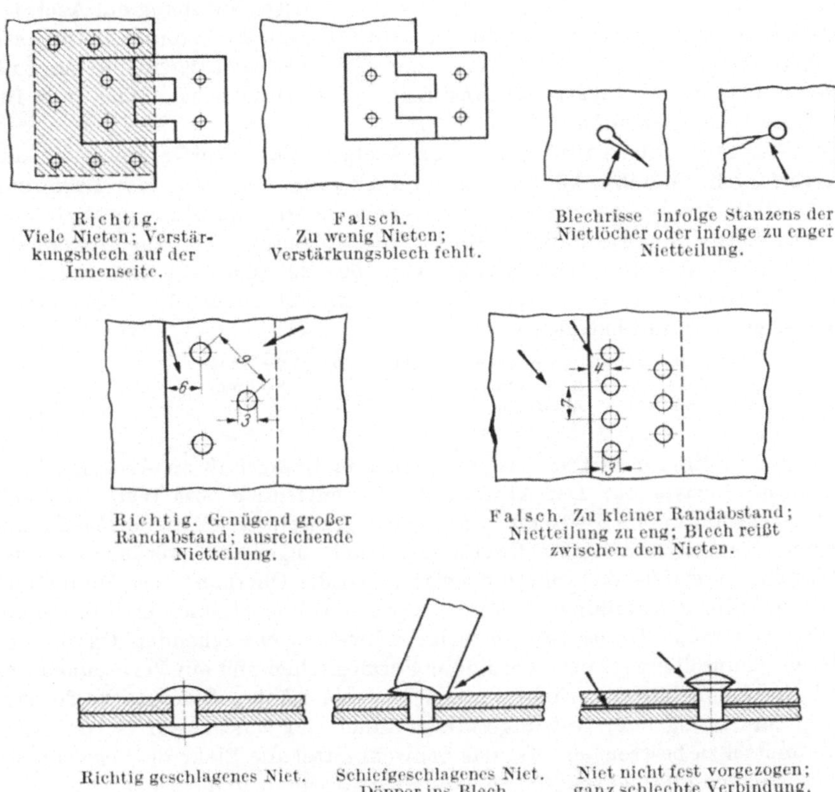

Abb. 42. Nietverbindungen für Elektron-Legierungen.

c) Lötverbindungen.

Mit Cadmiumloten können Lötverbindungen hergestellt werden — z. B. an leckgewordenen Tanks —, die nur als vorübergehende Instandsetzungen anzusehen sind. Ferner können bei Gußstücken durch Modellierlote Schönheitsfehler beseitigt werden. Alle Lötverbindungen sind nur als behelfsmäßige Verbindungen anzusehen; das Schweißen ist in allen Fällen vorzuziehen.

d) Schweißverbindungen.

Alle Elektron-Legierungen lassen sich schweißen. Verschweißungen der einzelnen Elektron-Legierungen untereinander sollen nicht ausgeführt werden. Benutzt werden folgende Schweißverfahren: 1. Schmelzschweißung mit Azetylen und Sauerstoff bzw. Wasserstoff und Sauerstoff (für alle Elektron-Legierungen); 2. elektrische Widerstandsschweißung (nur für Knetlegierungen); 3. Aufgußschweißung (nur an Gußstücken ausführbar); 4. Druckschweißung (nur für bestimmte Fälle anwendbar).

Die Schmelzschweißung mit der Azetylen-Sauerstoff-Flamme ist das Regelverfahren. Mit ihm können bei der Legierung AM 503 — der Legierung mit dem kleinsten Erstarrungsintervall — beliebig lange Nähte hergestellt werden, während bei der Legierung AZM — einer Legierung mit sehr großem Erstarrungsintervall — nur Schweißnähte von 150—200 mm Länge möglich sind.

Benutzt werden die auch sonst üblichen Schweißbrenner; der Durchmesser der Düsenöffnung soll betragen:

Blechstärke	0,8— 3 mm	Düsenöffnung:	1—2 mm
,,	3,5— 6 mm	,,	2—4 mm
,,	6,5—10 mm	,,	4—6 mm
,,	10 mm	,,	6—9 mm.

Die Schweißflamme ist sauber mit geringem Überschuß an Azetylen bzw. Wasserstoff einzustellen. Der Abstand der Düsenöffnung vom Werkstück soll bei der Azetylenflamme 5—15 mm und bei der Wasserstoff-Flamme 15—25 mm betragen. Rechts- und Linksschweißung können angewandt werden; stets ist die Flamme unter 30—45° schräg geneigt gegen die Oberkante des Werkstoffs zu halten. Alle Schweißungen können nur mit einem besonderen Flußmittel ausgeführt werden. Dieses soll die beim Schweißen entstehenden Oxydhäute zerstören, dadurch eine innige Verbindung ermöglichen und ein Verbrennen des Metalls im Schmelzfluß verhindern. Es wird bis 2,5 mm Blechstärke flüssig, über 2,5 mm breiig oder fest angewandt. Auch der Zusatzstoff ist mit dem Schweißmittel zu bestreichen. Da das Schweißmittel alle Elektron-Legierungen angreift, müssen alle Schweißungen sorgfältig abgespült und abgebeizt werden. Als Zusatzwerkstoff wird für AM 503 der gleiche Werkstoff, für alle anderen Blechlegierungen AZM benutzt. Für alle Gußlegierungen mit Ausnahme von AM 503 wird als Zusatzwerkstoff Legierung AZ 102 benutzt. Die Drahtstärken sollen betragen:

Bleche	0,8—2 mm	Schweißdrahtdurchmesser	2 mm
,,	2,5—4 mm	,,	3 mm
,,	4,5—6 mm	,,	6 mm
,,	6,5—8 mm	,,	10 mm
,,	8 mm	,,	8 mm.

Die Nähte sind stets so anzuordnen, daß von beiden Seiten das Schweißmittel einwandfrei entfernt werden kann (s. Abb. 43). Die zu verschweißenden

Teile müssen gut passen, um die Spannungen so klein wie möglich zu halten. Stumpfnähte sind die Regel.

Der Schweißvorgang soll stets nach dem Schema (Abb. 44) durchgeführt werden. Auf gutes Durchschweißen und gutes Durchfließen ist besonders zu achten. Lange Blechnähte sind vorher zu heften und mit etwa 20 mm Klaffung je Meter zu legen. Die Schweißung fängt 20—30 mm von der Blechkante an.

Nach dem Abwaschen und Abbürsten der Schweißnähte ist mit einer besonderen Beize nachzubeizen, nochmals gründlichst nachzuspülen und im Heißluftstrom zu trocknen. Bei größeren und schwieriger aufgebauten Stücken soll das Beizen mehrere Stunden in einem mit heißer 5proz. Kalium-Bichromat-Lösung gefüllten Behälter vorgenommen werden. Dabei werden auch die kleinsten Reste des Schweißmittels selbst an sonst sehr schwer zugänglichen Stellen restlos entfernt.

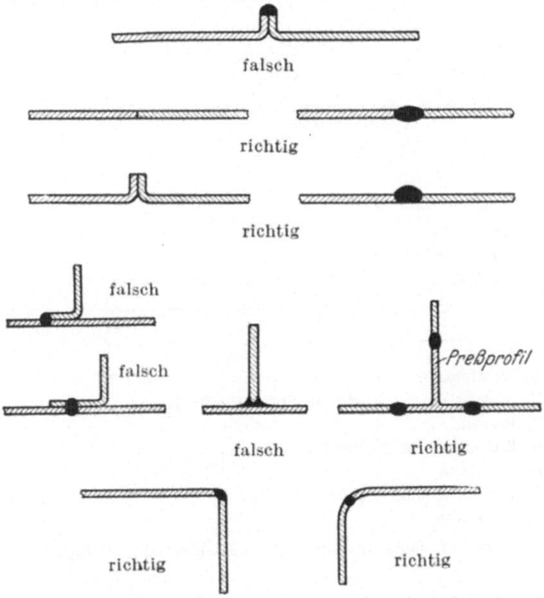

Abb. 43. Nahtanordnungen bei Elektron-Legierungen.

Bei der Schweißung von Gußstücken muß das Gußstück langsam — mindestens 6 Stunden — im Ofen auf 300° erwärmt werden. Am besten wird das Anwärmen in kippbaren Öfen vorgenommen, so daß bei 300° der Schweißvorgang durchgeführt werden kann. Es ist gut durchzuschweißen unter reichlicher Verwendung des Schweißmittels und reichlich aufzutragen.

Nach beendeter Schweißung ist das Werkstück im Ofen langsam abzukühlen, da bei unvorsichtiger Abkühlung infolge von Wärmespannungen leicht Risse auftreten können. Die Nachbehandlung ist wie bei Blechschweißungen durchzuführen.

Die elektrische Widerstandsschweißung wird ausgeführt als:

Stumpfschweißung: für Rohre, Profile, Drähte und Bleche über 0,8 mm Stärke bis zu Querschnitten von 300 mm²;

Punktschweißung: für Bleche von 0,3 mm Stärke ab; als Mehrblechschweißung an Stelle von Nietung bis zu 6 Blechlagen;
Nahtschweißung: für Bleche bis zu 1 mm Stärke in 2 Lagen.

Ein Unterschied in der Schweißbarkeit der Knetlegierungen besteht bei der elektrischen Widerstandsschweißung im Gegensatz zu der Gasschmelzschweißung nicht.

In allen Fällen sind besonders gebaute Schweißmaschinen und besonders reine Elektroden zu verwenden. Die Schweißdrücke sind bedeutend höher zu wählen als bei Messing. Ein Nachglühen der Schweißungen bei 300—320° ist zu empfehlen.

1. Schweißmittel aufbringen.

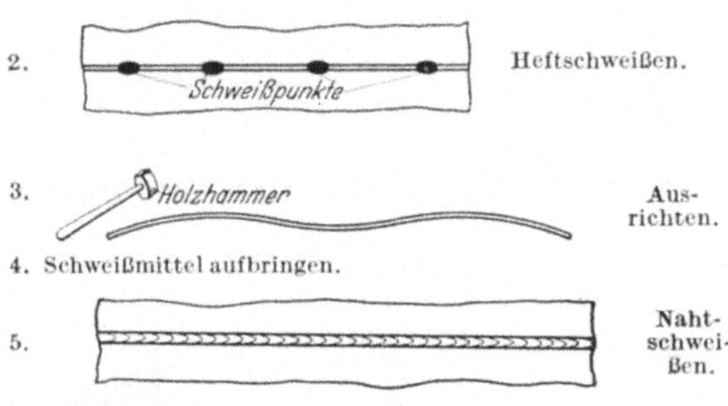

6. Ausrichten.
7. Abwaschen der Reste des Schweißmittels.
8. Beizen.
9. Entfernen der Beizreste.
10. Trocknen.
11. Endgültiges Ausrichten.
12. Lackieren.

Abb. 44. Schweißvorschrift für Elektron-Legierungen.

Die **Aufgießschweißung** dient zur Beseitigung von Gußfehlern, zum Anschweißen von Flanschen u. ä. Das Gußstück wird sorgfältig von der Gußhaut befreit, an der Verbindungsstelle durch Meißeln aufgerauht, mit reichlich bemessenem Abfluß für das aufzugießende Metall eingeformt und auf 300° gleichmäßig erwärmt. Flüssiges Metall wird solange nachgegossen, bis ein einwandfreies Einschmelzen der Ränder des Gußstückes erfolgt und damit gute, einwandfreie Bindung gesichert ist. Langsame Abkühlung ist auch hier zur Vermeidung von Rissen notwendig.

Die **Druckschweißung** erfolgt unter sehr hohen Drücken — mindestens 500 kg/cm² — bei Überlappungsstößen. Diese sind vorher sorgfältigst durch Feilen und Schaben zu reinigen; beim Schweißen sind Zinnfolien von 0,02 bis 0,03 mm Stärke einzulegen. Ein Nachglühen bei 300—320° ist zu empfehlen.

Die Festigkeit der einwandfrei durchgeführten und richtig nachbehandelten Schweißnähte ist durchaus befriedigend. Sie beträgt (in % der Grundzahlen):

bei Knetlegierungen: Festigkeit 75— 90%; Dehnung 30—40%
bei Gußlegierungen: Festigkeit 80—100%; Dehnung 30—50%.

Die Verformbarkeit der Schweißnaht bei Knetlegierungen ist in der Wärme die gleiche wie bei dem Grundwerkstoff.

Ebenso ist die Korrosionsbeständigkeit der gründlich und sachgemäß nachbehandelten Schweißnaht gut.

6. Oberflächenbehandlung und Oberflächenschutz der Elektron-Legierungen.

Oberflächenbehandlung und Oberflächenschutz der Elektron-Legierungen werden zur Erhöhung der Korrosionsbeständigkeit, zur Verbesserung der Oberflächengüte und des Aussehens vorgenommen. Sie sind einfacher und leichter auszuführen als bei Aluminium und seinen Legierungen. Die jetzt üblichen Verfahren sind: Schleifen und Polieren, Beizen, Lackieren, besondere Verfahren bzw. besondere Mittel.

a) Schleifen und Polieren.

Zum Schleifen werden vorteilhaft Scheiben aus Siliziumkarbid mittlerer Härte — K bis M — und einer Korngröße von etwa 6—8 benutzt; da die Bearbeitungsmöglichkeiten der einzelnen Elektron-Legierungen sehr stark verschieden sind, muß die angegebene Korngröße als Richtwert angesehen werden. Die Umfangsgeschwindigkeit soll 5,1 m/s betragen, bei einer Umfangsgeschwindigkeit des Werkstückes von 0,4 m/s. Die Schleifscheibe muß gut griffig sein, nicht stark abgeschliffen oder verschmiert. Als Kühlmittel werden benutzt: Rohpetroleum, Paraffinöl oder eine 4proz. Lösung von Natrium-Fluorid. Reichliche Verwendung des Kühlmittels ist zu empfehlen; nach jedem Umlauf soll das Kühlmittel filtriert werden, um Elektronspäne und sonstige Verunreinigungen zu entfernen. Die beim Schleifen entstehenden Dämpfe sind abzusaugen mit 25—30 m/s Luftgeschwindigkeit und gegebenenfalls durch reichliche Kühlmittelmengen niederzuschlagen.

Ansammlungen von Schleifstaub sind wegen der Brandgefahr gründlichst zu vermeiden. Falls trotzdem ein Brand eintritt, ist er wie bei „Bearbeitung“ angegeben zu löschen. Nach dem Schleifen sind die Teile sorgfältigst von den Resten des Kühlmittels zu reinigen. Zum Nachpolieren sind besondere Schleifpapiere (Pyrophor-Schleifpapiere) zu verwenden mit Paraffinöl oder Petroleum als Hilfsmittel. Die üblichen Schmirgelpapiere, Karborundum usw. sind nicht verwendbar, da sie stark schmieren und kratzen.

b) Beizen.

Durch das Beizen wird die Korrosionsbeständigkeit aller Elektron-Legierungen erhöht; außerdem wird die Oberfläche leicht aufgerauht und damit ein guter Haftgrund für aufzutragende Schutzanstriche geschaffen. Besonders zu empfehlen ist das Beizen von Gußstücken, da die in der Gußhaut vorhandenen Verunreinigungen die Korrosionsbeständigkeit stark herabsetzen und das Aufbringen von Schutzanstrichen erschweren bzw. unmöglich machen. Vor dem

Beizen müssen die Teile sauber sein; Gußstücke sind zu putzen, spanlos und spanend bearbeitete Teile zu entfetten mit Tetrachlorkohlenstoff, Siliron W u. ä.

Die üblichen Beizverfahren sind:

1. Chromatbeizen. Die zu beizenden Gegenstände werden ½—2 min in einer heißen Beize aus 100 l Wasser mit 20—21% Salpetersäure und 18 kg Kaliumbichromat gebeizt und gründlich in kaltem und heißem Wasser nachgespült. Sie bekommen einen fest haftenden messinggelben bis ockergelben Überzug.

2. Die zu beizenden Gegenstände werden ¼—3 min in einem heißen Salpetersäure-Chromatgemisch aus 15proz. Kalium- oder Natriumbichromat mit 20proz. konz. Salpetersäure auf 100 l Wasser gebeizt; nach gründlichem Abspülen mit kaltem und heißem Wasser ergeben sich fest haftende messinggelbe bis ockergelbe Überzüge von guter Saugfähigkeit.

3. Stark oxydierende Beizbäder ergeben hochpoliturfähige und politurbeständige Schutzüberzüge von emailleähnlichem Aussehen aus Magnesiumoxyd, die sich leicht einfärben lassen.

4. Verschieden zusammengesetzte Beiz- und Farbbäder ergeben bei den Legierungen Z_1 und Z_3 silberweiße, schwarze, braune, hornartige, messinggelbe und olivgrüne festhaftende Schutzüberzüge.

5. 1—2stündiges Abkochen in einer wäßrigen 5proz. Kalium- oder Natriumbichromat-Lösung mit nachfolgendem gründlichem Abspülen in heißem Wasser und Erkaltenlassen an der Luft ergibt einen sehr guten, hoch saugfähigen Schutzüberzug bei Teilen, an deren Maßgenauigkeit besondere Ansprüche gestellt werden, und bei denen ein Nachbeizen daher nicht angewandt werden darf.

c) Lackierungen.

Die zu lackierenden Gegenstände müssen vollkommen sauber und fettfrei sein; das Vorbeizen empfiehlt sich wegen des dadurch erzeugten guten Haftgrundes. Kann oder darf nicht vorgebeizt werden, so sind die Teile mit Siliron W oder Tetrachlorkohlenstoff oder mit Bimssteinpulver bzw. Schlämmkreide zu entfetten. Die benutzten Lacke und die üblichen Verfahren sind folgende.

1. Lufttrocknende Lacke.

α) Langsam trocknende Lacke (z. B. Öllacke). Diese werden entweder nur einmal dünn aufgetragen als Grundierung oder nach der Grundierung 1—3 mal gedeckt, wobei die Trockenzeit je nach Lackart 6—48 Stunden beträgt; sie ergeben je nach Lackart mehr oder minder nagelharte, elastische, zähe und mechanisch widerstandsfähige Überzüge.

β) Schnelltrocknende Lacke (z. B. Zelluloselacke). Diese werden einmal grundiert, 1—3 mal gedeckt bzw. einmal gespachtelt und 1—3 mal gedeckt, wobei die Trockenzeit 1—2 Stunden beträgt; sie ergeben nagelharte, elastische, mechanisch gut widerstandsfähige Überzüge.

2. Einbrennlacke.

α) Kunstharzlacke. Diese werden einmal·grundiert und 2—3 Stunden bei 80—120° bzw. 120—140° eingebrannt, oder zweimal aufgetragen und bei 130° eingebrannt; bei nachfolgendem 1—3 maligem Decken werden die Deckanstriche zusammen 2—3 Stunden bei 120—140° eingebrannt. Sie ergeben nagelharte, chemisch und mechanisch gut widerstandsfähige Überzüge.

β) Asphaltlacke. Behandlung wie bei den Kunstharzlacken. In allen Fällen kann die Verarbeitung durch Spritzen, Streichen und Tauchen erfolgen. Die Farbtönung kann beliebig sein.

Besondere Verfahren.

Lufttrocknende Einsatzlacke zum Einsetzen von Zahlen und Buchstaben.

Zementleime zum Aufkleben von Leder und Stoff auf Elektron-Legierungen.

Dichtungs- und Isolierkitte.

Kunststoffe wie chlorfreie Vulkanfibre, Hartpapiere, Hartgewebe zur Isolierung von Elektron-Legierungen gegen andere Metalle zwecks Verhütung von Lokalelementbildung und damit der Korrosion.

Säure- und wasserfreie Vaseline zum Einfetten von Versand- und Lagerware.

Passivierende Schutzstoffe, die z. B. als Pulver in ganz geringen Mengen dem Kühlwasser von Motorgehäusen zugegeben werden oder als Patronen in die Behälter für antiklopfmittelhaltige Brennstoffgemische gelegt werden als Schutz gegen sonst auftretende rasche Korrosionszerstörung.

Künstliche Oxydation nach besonderen Verfahren, die im Entstehen mit allen gewünschten Farben eingefärbt werden kann und hochpoliturfähig ist.

Das Aufbringen von galvanischen Überzügen und von gespritzten Überzügen nach Schoop ist unmöglich, da diese nicht haften; die für Aluminium und seine Legierungen üblichen elektrischen Oxydationsverfahren sind für Elektron-Legierungen nicht anwendbar. Ebenso sind Plattierungen unmöglich wegen der dabei naturnotwendig auftretenden Lokalelementbildung und Korrosion. Durch geeignete Zusammensetzung läßt sich die Korrosionsbeständigkeit bedeutend verbessern. Dieser sog. Legierungsschutz ist das beste und natürlichste Mittel. Auf dieser Grundlage sind die Legierungen AM 503 — Mn als Schutzkomponente — und A8K — Mn und Si als Schutzkomponenten — aufgebaut, deren Korrosionsbeständigkeit bei sehr günstigen mechanischen und verarbeitungstechnischen Werten besonders gut ist.

III. Zulässige Beanspruchungen der Leichtmetalle.

Die für Leichtmetalle zulässigen Beanspruchungen können an Hand der „Grundfestigkeit“ festgelegt werden. Die Grundfestigkeiten sind die durch Versuche ermittelten Festigkeiten des Werkstoffs für den Anlieferungszustand. Es ist zwischen statischer und dynamischer Beanspruchung zu unterscheiden.

Für statische Beanspruchungen kann auf Grund der Zerreißfestigkeit gewählt werden:

1. **Zug und Biegung.** Fall I: Ausnahmsweise mögliche Belastungen, bei der noch keine Zerstörung eintreten darf; zulässige Beanspruchung = Streckgrenzenfestigkeit des Werkstoffs im Verwendungszustand. Fall II: Selten auftretende Belastungen durch Zusammenwirken aller möglichen auftretenden Zusatzbelastungen; zulässige Beanspruchung = Elastizitätsgrenzenfestigkeit des Werkstoffs im Verwendungszustand. Fall III: Häufig auftretende Belastungen mit allen möglichen Zusatzbelastungen; zulässige Beanspruchung = Ursprungsfestigkeit (Festigkeit im weichgeglühten Zustand nach der Verformung).

2. **Scherung:** Die Scherfestigkeit ist durchschnittlich 70—80% der Zerreißfestigkeit. Als zulässige Scherbeanspruchung darf von diesen Werten gewählt werden: für Fall I 60—70%, für Fall II 50—60%, für Fall III 35—50%.

3. **Knickung:** Für Knickbeanspruchungen ist zu beachten, daß bei großen Schlankheitsgraden die Knickspannungen von Leichtmetallen nur ein Drittel der Knickspannungen bei Stahl betragen; es wird daher eine entsprechende Vergrößerung der Trägheitsmomente notwendig. Bei sehr kleinen Schlankheitsgraden werden die Knickspannungen an Leichtmetallen gleich denen bei Stahl.

Für dynamische Beanspruchungen darf gewählt werden auf der Grundlage der Dauerfestigkeit: Fall I 80—90%, Fall II 60—70%, Fall III 50—60% der Dauerfestigkeit.

Die Streckgrenzenfestigkeit der Aluminium-Legierungen ($P_{0,2}$) kann zu 60—80% der Zerreißfestigkeit, die Elastizitätsgrenzenfestigkeit ($P_{0,02}$) zu 45—55% der Zerreißfestigkeit angesetzt werden. (Zerreißfestigkeit s. Zahlentafel 2 und 4.) Die entsprechenden Zahlenwerte für Elektron-Legierungen s. Zahlentafel 11. Die Dauerfestigkeit der Aluminium-Legierungen kann bei den weichen Legierungen zu 6—9 kg/mm^2, bei den härteren Legierungen zu 7 bis 10 kg/mm^2 und bei den ausgehärteten Legierungen zu 11—14 kg/mm^2 angesetzt werden. Bei den Elektron-Legierungen s. Zahlentafel 11. Für Nieten sind die üblichen Festigkeitszahlen in Zahlentafel 8 angegeben. Die auf diese Weise ermittelten Werte können unter der Voraussetzung benutzt werden, daß alle wirkenden Kräfte bis auf 5—10% genau ermittelt werden können; bei einer Genauigkeit von 20—30% bei der Kraftermittlung können etwa 80% dieser Werte der Rechnung zugrunde gelegt werden. Mit Rücksicht auf den hohen Preis der Leichtmetalle sollten die Kräfte so genau wie nur irgend möglich bestimmt werden.

IV. Die chemische Beständigkeit der Leichtmetalle und ihrer Legierungen.

Die chemische Beständigkeit der Leichtmetalle und ihrer Legierungen ist für ihre Verwendung in sehr vielen Fällen von ausschlaggebender Bedeutung. Es ist naturgemäß fast unmöglich, feste Werte für die chemische Beständigkeit anzugeben, da sie sehr stark abhängig ist vom Lieferzustand des Leichtmetallwerkstoffs, seinem Reinheitsgrad, seinem Verformungsgrad, von der Oberflächenbeschaffenheit, von der Art der Zusammenfügung, von dem chemischen Charakter des angreifenden Agenz, seiner Konzentration, seinem Druck, seiner Temperatur. Die nachstehend aufgeführten Beständigkeitsangaben können nur als Richtwerte dienen; von Fall zu Fall muß für die gegebenen Verhältnisse die chemische Beständigkeit durch betriebsmäßig durchgeführte Versuche an modellmäßig ausgeführten Werkstücken festgestellt werden. Die laboratoriumsmäßig nach den jetzt üblichen Verfahren durchgeführten Prüfungen werden nur als Vorversuche zu werten sein und Anhaltspunkte für die Eignung oder Nichteignung überhaupt geben.

a) Aluminium und Aluminium-Legierungen.

Stickstoff und Wasserstoff: kein Angriff.

Sauerstoff und Luft: Bildung einer Schutzschicht; dann Passivierung des Angriffs.

Wässer: destilliertes und Regenwasser kein Angriff; Leitungs- und Brauchwasser je nach Zusammensetzung Angriff; Seewasser ergibt bei Aluminium und den Cu-haltigen Aluminium-Legierungen Angriff; Cu-freie Legierungen werden sehr schwach oder gar nicht angegriffen.

Ammoniak: wäßrige Lösungen bilden Schutzschichten; dann Passivierung des Angriffs.

Salpetersäure: sehr starker Angriff innerhalb der Konzentration von 15—50%; sehr starke Salpetersäure greift nur schwach an; Temperaturerhöhung bewirkt Verstärkung des Angriffs.

Schwefelsäure: Angriff, der mit zunehmender Konzentration und Temperatur zunimmt.

Salzsäure: sehr starker Angriff.

Natronlauge: sehr starker Angriff.

Kalilauge: sehr starker Angriff.

Halogene: Angriff, dessen Stärke mit steigendem Atomgewicht abnimmt.

Halogensalze: stärkerer Angriff bei verdünnten Lösungen als bei konzentrierten.

Kohlenwasserstoffe, Benzol, Benzin, Phenol, Äther, Teere, Öle: kein Angriff.

Alkohole: Angriff, dessen Stärke mit steigendem Molekulargewicht abnimmt.

Fettsäuren: vollkommen wasserfreie Säuren greifen bei höherer Temperatur an; bei Zimmertemperatur und etwas Wasser in den Säuren erfolgt kein Angriff.

Fruchtessenzen: ganz schwacher Angriff.

Milch, Butter, Margarine: kein Angriff.

Konserven: fest überall kein Angriff.

Riechstoffe und pharmazeutische Waren: kein Angriff.

Für die Apparate der chemischen Industrie sind neben Reinaluminium nach DIN 1712 — gegebenenfalls noch in höheren Reinheitsgraden bis 99,9 lieferbar — die Legierungen der Gattungen A_4—A_8 und B_6—B_9 besonders zu empfehlen. Ihre Auswahl und der Verarbeitungszustand ist dem Verwendungszweck anzupassen. Dabei muß bei höheren Ansprüchen an mechanische Gütezahlen häufig eine etwas geringere Korrosionsfestigkeit in Kauf genommen werden. Als Zusammenfügungsarbeit kommt für den Behälter- und Apparatebau nur das Schweißen in Frage. Die Hammerschweißung bei Reinaluminium liefert Nähte von gleicher mechanischer Festigkeit und chemischer Beständigkeit wie der Grundwerkstoff; sie darf nur für Salpetersäure nicht benutzt werden, da in die mikroskopisch feinen Poren die Salpetersäure eindringt und durch Bildung von salpetersaurer Tonerde $Al_2(NO_3)_6$ eine rasche Zerstörung herbeiführt. Die Gasschmelzschweißung liefert bei richtiger Ausführung und sorgfältiger Nachbeizung der Nähte Verbindungen, die dem Grundwerkstoff nicht nachstehen. In allen Fällen bieten das MBV-Verfahren, das Irotka-Verfahren und die Eloxal-Verfahren oder das Plattieren sehr vollkommene Erhöhung des Korrosionsschutzes.

b) Beständigkeit der Elektron-Legierungen.

Alle ungeschützten Elektron-Legierungen überziehen sich an der Luft mit einer dünnen grauen Deckschicht, deren Ausbildung durch geringe Manganzusätze gefördert wird. Auch bei den Elektron-Legierungen zeigt die richtig ausgeführte und sorgfältig nachbehandelte Gasschmelzschweißung das gleiche Verhalten wie der Grundwerkstoff.

Wasser: destilliertes und Regenwasser kein Angriff. Leitungswasser je nach Zusammensetzung Angriff. Meerwasser greift stark an.

Ammoniak: kein Angriff.

Salpetersäure: in allen Konzentrationen sehr starker Angriff.

Schwefelsäure: starker Angriff.

Salzsäure: starker Angriff.

Kalilauge: kein Angriff.

Natronlauge: kein Angriff.

Zahlentafel 15. Verwendung der Leichtmetalle.

Anwendungsgebiete	Anwendungsformen	Warum werden die Leichtmetalle benutzt?	Welche Werkstoffe werden bei ihrer Verwendung ersetzt?
Allgemeiner und besonderer Maschinenbau (alle Zweige)	Gußstücke, Schmiede und Preßteile, Bleche, Rohre, Profile, Drähte, Schrauben, Nieten, Aluminiumfarben, Stanzteile Lager	Gewichtsersparnis; bessere Bearbeitung und Verarbeitung; geringere Massenwirkung und damit ruhigerer Lauf und höhere Lebensdauer der Maschinen; bequeme Oberflächenbehandlung; Korrosionsbeständigkeit; Geräuschdämpfung	Kupfer, Nickel, Zinn und deren Legierungen; Stahl und Eisen; gespart wird an Nickel und Chrom als Oberflächenschutz Lagerausgußmetalle
Elektromaschinenbau (alle Zweige)	wie vor; außerdem noch Drähte, Folien, Stanzteile. Aluminiumfarben	hohe Leitfähigkeit, hohe Festigkeit bei kleinerem Gewicht; geringe Massenwirkung; gute Geräuschdämpfung; bequeme Bearbeitung und Verarbeitung; einfache Isolierung durch Oxydation; unmagnetisch; Korrosionsbeständigkeit; bequeme und gefällige Oberflächenbehandlung	Kupfer und Kupfer-Legierungen, Zinn und Isolationswerkstoffe. Nickel und Chrom als Oberflächenschutz werden gespart
Fahrzeugbau (Straßen-, Schienen-, Luft- und Wasserfahrzeuge)	Gußstücke aller Art; Schmiede- und Preßteile; Bleche, Drähte, Rohre, stranggepreßte Profile; Schrauben, Nieten. Stanzteile Aluminiumfarben	Gewichtsersparnisse, höhere Festigkeit; Verminderung der Totlast; bessere konstruktive Gestaltung der Teile als bei Eisen und Stahl möglich; bessere Lauffähigkeit bei Kolben; Geräuschdämpfung; einfache Bearbeitung; wirkungsvolle Oberflächenbehandlung; Korrosionsbeständigkeit	Kupfer, Nickel, Zinn, Zink und ihre Legierungen; gespart wird an Nickel und Chrom als Oberflächenschutz und Legierungsbestandteilen; ferner an Brennstoffen wegen geringerer Totlast
Apparatebau I (für die chemische Industrie und Behälterbau)	Bleche, Rohre, Profile, Gußstücke; Aluminiumfarben Stanzteile	Gewichtsersparnisse, hohe Festigkeit; Korrosionsbeständigkeit, bequeme Verbindungsarbeiten; erhöhte Lebensdauer durch einfache Oxydation; gute Wärmeleitfähigkeit	Nickel und Nickel-Legierungen; säure- und hitzebeständige Stähle; Gummi
Apparatebau II (allgemeiner Apparatebau für alle Zwecke)	Gußstücke, insbesondere Spritzguß, Bleche, Röhren, Profile, Folien, Drähte, Stanzteile	Gewichtsersparnisse; kleine Abmaße der Geräte; bequeme Verbindungsarbeit; bequeme und wirkungsvolle Oberflächenbehandlung; Dämpfungsvermögen; Unmagnetisierbarkeit; bequeme Isolation durch Oxydation	alle Nichteisenmetalle und ihre Legierungen; bedingt auch Edelmetalle; gespart wird an Anstrichmitteln, Isolationsstoffen

Zahlentafel 15 (Fortsetzung).

Anwendungsgebiete	Anwendungsformen	Warum werden die Leichtmetalle benutzt?	Welche Werkstoffe werden bei ihrer Verwendung ersetzt?
Nahrungsmittelgewerbe (s. a. Apparatebau I), sofern Kochgeräte usw. in Frage kommen	plattierte Bleche; Folien, Tuben; Aluminiumfarben	bequeme, wirkungsvolle und gefällige Oberflächenbehandlung; hygienisch einwandfrei; Gewichtsersparnisse	Zinn und Zinnfolien
Haushalt (s. a. Nahrungsmittelgewerbe)	Bleche — tief gezogene Gefäße, Küchengeräte, Bestecke, Löffel	Gewichtsersparnis; vollkommene Hygiene und Sauberkeit; bequeme Reinhaltung; Korrosionsbeständigkeit; gute Wärmeleitfähigkeit; hohe Lebensdauer	Zinn (Verzinnung), Emaille; gespart werden Brennstoffe wegen besserer Wärmeleitfähigkeit
Baugewerbe	Bleche, Röhren, Profile, Guß-, Preß- und Schmiedestücke als Beschläge	gefälliges Aussehen; gute Witterungsbeständigkeit; bequeme und farbschöne Oberflächenbehandlung; bequemes Anbringen; in allen Fällen bedeutende Erhöhung der Beständigkeit	Kupfer und Kupfer-Legierungen; Zink; Anstriche
Metallurgie	Blöcke, Barren, Granalien von Reinaluminium; Reinmagnesium in Blöcken und Stäben Aluminiumpulver Aluminiumthermit	zur Desoxydation zwecks Darstellung schlacken- und gasfreier Gießlinge; ferner als Legierungskomponente Aluminiumthermit zur bequemen Darstellung technisch reiner Metalle	gespart wird z. B. Nickel, Ferrosilizium, Ferromangan Andere Zusatzmetalle werden gespart, z. B. Kobalt bei Stahl Unnötig wird die sonst viel zu teure Darstellung dieser weniger benutzten Metalle nach den üblichen Verfahren

Kohlenwasserstoffe, Benzol, Benzin, Äther, Teere, Öle: kein Angriff.

Alkohole: kein Angriff.

Fettsäuren: Angriff.

Fruchtessenzen: Angriff.

Milch, Butter, Margarine: Angriff.

Soda: Angriff.

Seifenlösungen: kein Angriff.

V. Die Verwendung der Leichtmetalle und ihrer Legierungen in Gegenwart und Zukunft.

Die Leichtmetalle und ihre Legierungen haben sich auf Grund ihrer guten Eigenschaften sehr viele Anwendungsgebiete erschlossen. Die Hauptgebiete für ihre derzeitige Anwendung sind in Zahlentafel 14 aufgeführt. Sie gelten vorwiegend für Aluminium und seine Legierungen — beim Elektromaschinenbau ausschließlich dafür (Leitlegierungen für die Elektrotechnik s. Zahlentafel 9). Für die Elektron-Legierungen gelten sinngemäß die gleichen Anwendungsgebiete. Dabei ist auf die anders geartete Korrosionsbeständigkeit der Elektron-Legierungen gegenüber den Aluminium-Legierungen besonders zu achten. Bezüglich der Korrosionsbeständigkeit ergänzen sich beide Leichtmetallgruppen sinngemäß. In allen Fällen sind die Leichtmetall-Legierungen als ausgesprochene Verdränger und vollwertige Austauscher devisenpflichtiger Werkstoffe, als Ersparer von Isolierstoffen und als Oberflächenschützer anzusprechen. Die zukünftige Anwendung der Leichtmetall-Legierungen wird zunächst in der Erweiterung der derzeitigen Anwendungsgebiete liegen. Infolge immer weiterer Verbesserung der Güteeigenschaften werden noch neue Anwendungsgebiete hinzukommen, z.B. Rüstungsindustrie, Werkzeugmaschinenbau, Apparatebau, Baugewerbe und Verbrauchsgütertechnik. Das Anwendungsgebiet des Aluminiums und seiner Legierungen für die Elektrotechnik wird vor allem noch erweitert werden können. Ebenso werden sich im Apparatebau neue Anwendungsgebiete ergeben, zumal durch die neuesten Erfolge auf dem Gebiete der Schweißtechnik eine sehr große Anzahl gestaltungstechnischer Aufgaben durchaus befriedigend gelöst werden konnte.

C. Kunst- und Preßstoffe.

I. Einteilung der Kunst- und Preßstoffe.

Unter dem Sammelnamen „Kunst- und Preßstoffe" werden alle synthetisch aufgebauten nichtmetallischen Werkstoffe zusammengefaßt, die mit zwei Ausnahmen auf organischen Grundstoffen aufgebaut sind. Eine einheitliche Bezeichnung fehlt zur Zeit noch. Nach der heute noch üblichen Typisierung (s. Zahlentafel 16) werden sie als „Gummifreie Isolierpreßstoffe" bezeichnet, da die Bezeichnung als Kunstharze nicht erschöpfend und genügend eindeutig sein würde. Die jetzt in Deutschland hergestellten und benutzten Kunst- und Preßstoffe können am besten nach dem Grundstoff eingeteilt werden, auf dem sie aufgebaut sind. Dieser ist maßgebend für die technischen, elektrischen und chemischen Eigenschaften, die Verarbeitungs- und Bearbeitungstechnik der plastischen Massen und damit von allergrößtem, ja ausschlaggebendem Einfluß auf die Anwendungs- und Verwendungsmöglichkeiten. Nach dem Grundstoff ergibt sich folgende Einteilung:

A. Härtbare Kunst- und Preßstoffe: die Kunstharze

1. auf der Grundlage von Phenol und Kresolen: Phenolharze od. Phenoplaste,

2. auf der Grundlage von Harnstoff bzw. Schwefelharnstoff (Thioharnstoff): Harnstoffharze od. Aminoplaste od. Karbamidharze.

B. Nicht härtbare Kunst- und Preßstoffe

1. auf der Grundlage der Zellulosen,
2. auf der Grundlage der Kohlenwasserstoffe,
3. auf der Grundlage des Kaseins,
4. auf der Grundlage des Bleiborats,
5. auf der Grundlage des Zements,
6. auf der Grundlage von Naturasphalt und Naturharz.

Zahlentafel 16. Typisierung der gummifreien Isolierpreßstoffe[1].

Type	Mechanische Eigenschaften		Thermische Eigenschaften		Elektrische Eigenschaften
	Biegefestigkeit mind.[2], [4] kg/cm²	Schlagbiegefestigkeit mind.[2], [4] cmkg/cm²	Wärmefestigkeit mind.[2], [4] Martensgrade	Glutfestigkeit mind.[4] Gütegrad	Oberflächenwiderstand nach 24 std. Liegen in Wasser mind. Vergleichszahl
1	500	3,5	150	4	3
M	700	15,0	150	4	3
0	600	5,0	100	2	3
S	700	6,0	125	3	3
T	600	12,0	125	2	3
K	600	5,0	100	2	4
7	250	1,5	65	1	3
8	150	1,0	45	3	3
A	300	15,0	40	1	3
2	350	2,0	150	4	3
3	200	1,7	150	4	3
4	150	1,2	150	4	3
Y	1000	5,0	400	5	4
X	150	1,5	250	5	—

[1] Die Bezeichnung „Isolierpreßstoffe" umfaßt auch die im Wege des Preßspritzverfahrens zu verarbeitenden Stoffe.

[2] Nach den „Vorschriften für die Prüfung elektrischer Isolierstoffe" des VDE (Sonderdruck VDE 0302). Die Prüfung erfolgt an Proben, die nach den in den Prüfvorschriften angegebenen Abmessungen gepreßt sind. Zur Herstellung der Probestäbe ist die Preßmasse sinngemäß in gleicher Weise wie zur Herstellung der fertigen Preßstücke zu behandeln.

Nach den „Leitsätzen für die Bestimmung der Glutfestigkeit von Isolierstoffen" des VDE (Sonderdruck VDE 0305).

[4] Die Probestäbe dürfen im Durchschnitt keine geringeren Zahlen als die oben angegebenen Mindestwerte aufweisen. Unterschreitungen der unteren Grenzen durch Einzelwerte sind für die Wärmefestigkeit bis höchstens 5%, für die Biegefestigkeit und Schlagbiegefestigkeit bis höchstens 10% zulässig. Für den Oberflächenwiderstand und die Glutfestigkeit dürfen auch die Einzelwerte die festgelegte Mindestzahl nicht unterschreiten.

Für die Typen sind lediglich die Mindestwerte, also die unteren Grenzen der maßgebenden Eigenschaften festgelegt. Daher sind Überschreitungen der unteren Grenzen nach oben die Regel und in

Zahlentafel 16 (Fortsetzung).

Anbetracht ausreichender Sicherheit auch erwünscht. Überschreitet jedoch ein Preßstoff regelmäßig ganz erheblich die unteren Grenzen eines Typs nach oben, so widerspricht es dem Sinn der Typisierung, ihn mit diesem Typ zu bezeichnen. In diesem Fall ist der Preßstoff in einen höheren Typ einzuordnen, sofern auch die vorgeschriebene Zusammensetzung zutrifft oder, falls dies nicht möglich ist, in einen neuen Typ.

Type	Zusammensetzung	Verarbeitungsgrad
1	phenoplastisches Kunstharz mit anorg. Füllstoff	Warmpressung
M	phenoplastisches Kunstharz mit anorg. Gespinst als Füllstoff	Warmpressung
0	phenoplastisches Kunstharz mit org. Füllstoff	Warmpressung
S	phenoplastisches Kunstharz mit org. Füllstoff	Warmpressung
T	phenoplastisches Kunstharz mit org. Gespinst als Füllstoff	Warmpressung
K	aminoplastisches Kunstharz mit org. Füllstoff	Warmpressung
7	Naturharz, natürl. oder künstl. Bitumen mit Asbest und anorg. Füllstoff	Warmpressung
8	natürl. oder künstl. Bitumen mit Asbest und anorg. Füllstoff	Warmpressung
A	Azetylzellulose mit oder ohne Füllung	Warmpressung
2	Kunstharz mit Asbest und anorg. Füllstoff	Kaltpressung
3	Kunstharz mit Asbest und anorg. Füllstoff	Kaltpressung
4	natürl. oder künstl. Bitumen mit Asbest und anorg. Füllstoff	Kaltpressung
Y	Bleiborat mit Glimmer	Warmpressung
X	Zement oder Wasserglas mit Asbest und anorg. Füllstoff	Warmpressung

Elektrische Eigenschaft	Widerstand im Inneren mind. 5000 M	Dielektrischer Verlustfaktor tg höchstens 0,1	Oberflächenwiderstand mind. 5000 M
Prüfverfahren	Sonderdruck VDE 0303, § 10	Sonderdruck VDE 0303, § 22	Sonderdruck VDE 0302, B 1
Versuchskörper	1 Normalplatte 150 × 150 mm (mit 5 Meßstellen)	2 Normalplatten	1 Normalplatte (ohne Abschleifen der Oberfläche)
Meßspannung	110 V Gleichspannung	100 V Wechselspannung 800 Per/s	1000 V Gleichspannung
Meßzeit	20 s	—	60 s

Vorbehandlung: 4 Tage in 80 % rel. Luftfeuchtigkeit bei 20° C (nach Sonderdruck VDE 0308); 1 Tag in Wasser.

Der VDE-Gütegrad errechnet sich aus:

Gewichtsverlust in mg × Flammenausbreitung in cm.

Gütegrad 0: über 100 000 = sehr leicht brennbar
1: 100 000—10 000
2: 10 000— 1000
3: 1000— 100
4: 100— 10
5: unter 10 = unbrennbar.

Von diesen insgesamt 8 Gruppen sind A_1, A_2, B_1—B_3, B_6 auf organischer, B_4 und B_5 auf anorganischer Grundlage aufgebaut. Die wichtigsten Vertreter der plastischen Massen sind wegen ihrer ganz hervorragenden Eigenschaften, ihrer sehr großen Anpassungsfähigkeit an den Verwendungszweck und den daraus sich ergebenden außerordentlich vielseitigen Anwendungsmöglichkeiten die Kunstharze — Gruppe A der vorstehenden Aufstellung —. Die Gruppe B_2 gewinnt ständig an Bedeutung, von den andern Gruppen haben noch die Kunststoffe auf der Grundlage der Zellulosen besonders vielseitige Anwendung gefunden. Die Gruppen B_4—B_6 haben nur bestimmte Anwendungsgebiete; sie sind mit Ausnahme von B_3 (nur kurz) nicht in dem Buche behandelt worden.

II. Kunstharze.

1. Einteilung und Herstellung der Kunstharze.

Als Kunstharze werden die Produkte bezeichnet, die bei der Kondensation von Phenol bzw. Kresolen mit Formaldehyd und einem Katalysator oder von Harnstoff bzw. Schwefelharnstoff mit Formaldehyd mit oder ohne Katalysator entstehen. Sie entfallen bei normaler Temperatur bei der Kondensation als teigflüssige oder feste Produkte und heißen flüssige bzw. feste Kunstharze. Als Ausgangsrohstoffe für die Kunstharze werden benutzt: I. Phenol, Kresole, Phenol-Kresolgemische, Kresolgemische, Formaldehyd, Katalysator (Kontaktsubstanz). Die dabei anfallenden Kunstharze heißen die Phenolharze oder Phenolplaste. Sie haben hellgelbe bis bernsteingelbe Farbe und sind nicht vollkommen lichtbeständig, so daß bei gewissen Farben im Preßling Vorsicht geboten ist. II. Harnstoff oder Thioharnstoff, Formaldehyd, Katalysator (Kontaktsubstanz). Die dabei anfallenden Kunstharze heißen die Karbamidharze oder Aminoplaste. Sie sind im Gegensatz zu den Phenolharzen vollkommen lichtbeständig. Bei beiden Harzgruppen können durch das Mengenverhältnis der Grundstoffe, durch Mischung, durch die chemische Natur und die Menge des Katalysators die Eigenschaften der entstehenden Harze, z. B. Isolationsfähigkeit, Öllöslichkeit, mechanische Werte, chemische Beständigkeit, Preßfähigkeit, Bearbeitbarkeit, Oberflächengüte weitgehendst beeinflußt werden. Nach der Kondensation können die anfallenden Rohharze noch nachdestilliert werden, um sie von Wasser, über-, unter- und nichtkondensierten Bestandteilen zu reinigen. Durch Zusatzstoffe bei der Kondensation können den Harzen noch für den beabsichtigten Verwendungszweck erwünschte Eigenschaften gegeben werden, die sie von sich aus nicht besitzen.

Phenole und Kresole (Metylphenole) fallen als Destillationsprodukte des Steinkohlenteers an. Phenol kann auch synthetisch hergestellt werden. Harnstoff wird durch Drucksynthese aus Kohlensäure und Ammoniak, Schwefelharnstoff durch Drucksynthese aus Schwefelkohlenstoff und Ammoniak hergestellt. Das Formaldehyd wird fast ausschließlich synthetisch gewonnen. Auch bei gesteigertem Bedarf und gesteigerter Herstellung der Rohharze ist die Rohstoffgrundlage durchaus sichergestellt. Beide Harze fallen bei der Kondensation — Kondensation ist die Zerspaltung von Molekeln unter Bildung neuer Verbindungen — in sog. A-Zustand — an. In diesem sind sie löslich, z. B. in Alkohol, Spiritus, Benzin, Benzol, Glyzerin; sie sind schmelzbar und gießbar und dienen in diesem Zustand zur Anfertigung von Lacken, Kitten, Leimen, Schichtstoffen und hauptsächlich zur Anfertigung von Preßmassen. Bei Temperatursteigerung auf etwa 125° gehen sie in den B-Zustand über. In diesem sind sie nur noch quellöslich in den vorgenannten Agentien; sie sind teigflüssig, hervorragend bildsam und vorzüglich preßbar. Bei weiterer Temperatursteigerung — auf 165—180° bei den Phenolharzen und 165° bei den Karbamidharzen — gehen sie in den C-Zustand über. In diesem sind sie nicht mehr schmelzbar und nicht mehr bildsam. Für die vorgenannten Agenzien sind sie praktisch unangreifbar. Sie erreichen in diesem Zustand die Größtwerte in mechanischer, chemischer und elektrischer Beziehung und die Bestwerte der Oberflächengüte und des gefälligen Aussehens. Diesen den Kunstharzen eigentümlichen Vorgang bezeichnet man als Härtung; die Kunstharze deshalb auch als härtbare synthetische Harze. Die Härtung selbst ist ein sehr verwickelter chemischer Vorgang, der in einem chemischen Umbau der Harze besteht unter Abspaltung von Gasen und Wasserdampf, ohne Druckanwendung sehr lange dauert und blasige, unschöne Preßlinge ergibt. Wird bei der vorher erwähnten Temperatur ein sehr hoher Druck angewandt, so geht die Härtung sehr rasch und gleichmäßig vor sich. Daher erfolgt die Verarbeitung der Kunstharze heute fast ausschließlich durch Pressen unter gleichzeitiger Anwendung sehr hoher Drücke und der für die Harze richtigen Härtungstemperaturen. Diese Verarbeitungstechnik heißt Heißpressung.

2. Spanlose Formung der Kunstharze.

a) Die Schnellpreßmassen.

Zur Heißpressung werden die Kunstharze zu Preßmassen bzw. Schnellpreßmassen verarbeitet. Diese bestehen aus: Kunstharz im A-Zustand, Füllstoff, Härtebeschleuniger — z. B. Hexamethylentetramin-, Flußmittel — z. B. Metallsalzen — und Farbstoffen (s. Abb. 45). Als Füllstoffe können alle Materialien von pulvriger oder fasriger Form benutzt werden, die vom Harz nicht gelöst und zerstört werden und das Harz selbst nicht angreifen. Man benutzt vorwiegend: organische Füllstoffe: Holzmehl, Textilfasern, Papier; anorganische Füllstoffe: Asbest. Für die auf Karbamidharz aufgebauten Schnellpreßmassen wird als Füllstoff fast ausschließlich Baumwollzellulose benutzt. Füllstoff und Harzmenge bedingen die Eigenschaften der Massen.

Zum Färben werden benutzt: mineralische Farben (geringe Farbkraft) und organische Farben (sehr hohe Farbkraft). Aus diesen 5 Grundstoffen wird bei etwa 95° durch inniges Verkneten und Vermengen in einem Universalmischer in etwa 15 Minuten die Preßmasse hergestellt. Besonders rein und sorgfältig aus reinsten Rohstoffen hergestellte Phenolharze bzw. Kresolharze werden ohne Füllstoffe zu Schnellpreßmassen verarbeitet (Edelkunstharze). Massen von besonders hoher Schlagbiegefestigkeit werden hergestellt durch Durchtränken von Leinenschnitzeln, Asbestfäden, Gewebeteilen mit oder ohne Zusätze von Härtebeschleunigern, Flußmitteln und Farbstoffen. Ebenso können die Abfälle der Schichtstoffherstellung zu Preßmassen verarbeitet werden. Bei den Farben ist zu beachten, daß die Phenolharze nicht vollkommen lichtbeständig sind, so daß es schwierig ist, besonders feine und empfindliche Farben im Preßling zu erzielen. Die Karbamidharze dagegen sind lichtbeständig, und gestatten die empfindlichsten und feinsten Farben herzustellen. Durch Mischen verschieden gefärbter bzw. verschieden gefärbter und gekörnter Schnellpreßmassen lassen sich im Preßling alle gewünschten Effekte herstellen. Die Menge des Harzes, die Menge und der chemische Charakter des Füllstoffes bestimmen die mechanischen, elektrischen und chemischen Eigenschaften des aus der Masse hergestellten Preßlings, beeinflussen maßgebend die Preßfähigkeit, die Formtechnik des Preßlings und somit den Anwendungsbereich der Preßmasse. Kunstharze und die daraus hergestellten Teile besitzen eine ganz hervorragende Isolationsfähigkeit, Wasserunempfindlichkeit und Ölbeständigkeit. Sie waren zunächst wegen dieser Eigenschaften für die Elektrotechnik besonders wertvoll. Demzufolge hat der Verband Deutscher Elektrotechniker sich um die Ausbildung der Prüfvorschriften, der Typisierung und der Überwachung der Kunstharze außerordentliche Verdienste erworben. Durch Beschluß der Technischen Kommission der Fachgruppe 7 und der Gruppen 1 und 2 der Wirtschaftsgruppe „Elektroindustrie“ (W.E.I.) wurde am 9. 9. 1935 die jetzt gültige Typisierung der gummifreien Isolierpreßstoffe festgelegt (s. Zahlentafel 16), die auf früheren Beschlüssen (1922, 1928, 1932) aufgebaut ist. Die dort angegebenen Werte für die mechanischen usw. Werte sind Mindest-

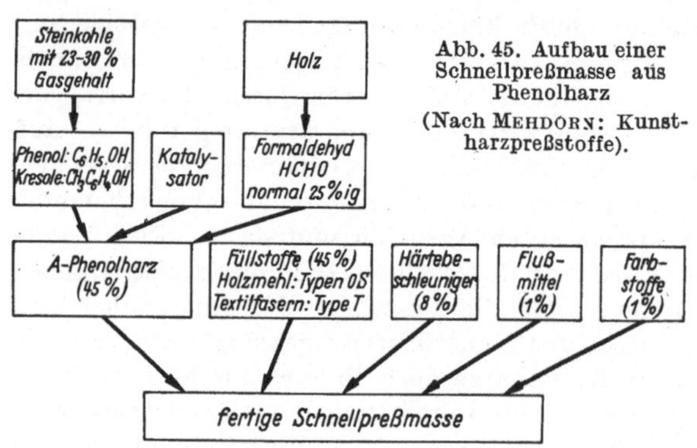

Abb. 45. Aufbau einer Schnellpreßmasse aus Phenolharz (Nach MEHDORN: Kunstharzpreßstoffe).

werte, die heute stets überschritten werden. Sie werden nach den sehr scharfen und genauen Normen des Verbands Deutscher Elektrotechniker festgestellt. Die Technische Vereinigung (TV.), angeschlossen an den Zentralverband der deutschen Elektrotechnischen Industrie (ZV.), beschloß bereits im Jahre 1924 die Überwachung ihrer Betriebe und ihrer Erzeugnisse einer unabhängigen Behörde — dem Staatl. Materialprüfamt (MPA.) in Berlin-Dahlem — zu übertragen. Auf Grund dieses Beschlusses erhält jede der Technischen Vereinigung angeschlossene Firma das Recht, auf ihre Erzeugnisse ein bestimmtes Kennzeichen aufzuprägen, in dem die Type und eine Kennzahl der betr.

Abb. 46. Gütezeichen für Kunstharzpreßlinge.

Vorbedingungen	Fließvermögen (Plastizität, Steigvermögen)	Härtevermögen (Verfestigung)	Schließzeit (Erweichungszeit)
Erhöhte Preßtemperatur	Bis ca. 165° C steigernd, weitere Erhöhung verringernd	Steigernd	Verkürzend
Erhöhter Preßdruck	Steigernd	Ohne Einfluß	Verkürzend
Vorwärmung der Preßmasse	Steigernd	Steigernd	Verkürzend
Vorhärtung der Preßmasse (bei übertriebener Vorwärmung)	Verringernd	Steigernd	Verlängernd
Erhöhung des Harzgehaltes	Steigernd	Ohne wesentlichen Einfluß	5% ohne wesentlichen Einfluß
Steigerung der Kornfeinheit der Preßmasse	Ohne wesentl. Einfl.	Ohne Einfluß	Verkürzend
Erhöhter Feuchtigkeitsgehalt der Preßmasse	Steigernd	Verringernd	Verkürzend

Abb. 47. Preßtechnische Eigenschaften der Phenoplaste.
(M. Krahl, Ludwigshafen.)

Firma in das MPA.-Zeichen eingebaut sind. Das liefernde Werk bekommt damit gewissermaßen eine Hausmarke (s. Abb. 46). Diese leistet dem Käufer die Gewähr, daß der von ihm bestellte Gegenstand in jeder Beziehung den in den VDE.-Vorschriften festgelegten Bedingungen genügt. Die für Kunstharze und Schichtstoffe maßgebenden Werte sind im Normblatt 7701 fest-

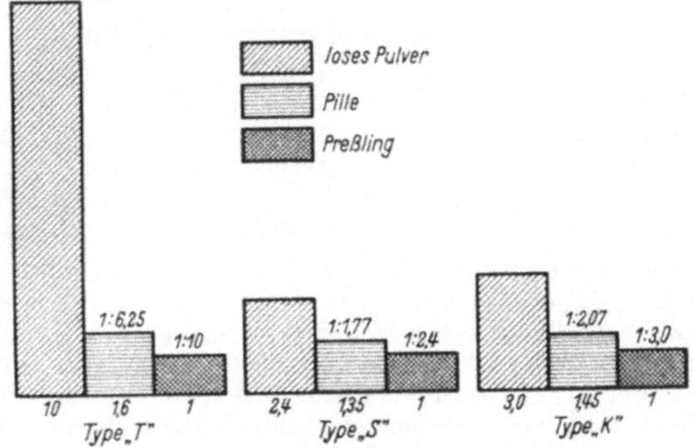

Abb. 48. Verdichtungsgrade von Schnellpreßmassen.
(Nach Mehdorn: Kunstharzpreßstoffe.)

gelegt (s. Tafel 17). Die Massen kommen in gut luftdicht verschlossenen Packungen in den Handel und müssen trocken und vor Wärme geschützt aufbewahrt werden. Neben den in der Typisierung festgelegten Eigenschaften spielen für die Preßtechnik das Fließvermögen, die Härtezeit, der Härtedruck und die Verdichtungsfähigkeit eine große Rolle (s. Abb. 47, 48). Die angegebenen Werte werden nach dem Vorschlag von Krahl an geeigneten Versuchskörpern entwickelt. Diese gestatten in einwandfreier Weise einen schnellen und sicheren Vergleich der verschiedenen Schnellpreßmassen in bezug auf die oben angegebenen Eigenschaften.

b) Heißpreßtechnik. Die Preßformen.

Die Eigenart der Kunstharze und der auf ihnen aufgebauten Schnellpreßmassen erfordert selbstverständlich wie auch sonst bei anderen Werkstoffen werkstoffgerechte Formgebung, um die guten Eigenschaften der Schnellpreßmassen in jeder Beziehung ausnutzen zu können. Die Type der zur Verwendung gelangenden Schnellpreßmasse und ihre preßtechnischen Eigenschaften wie Fließvermögen, Härtezeit, Härtedruck, Preis, Oberflächengüte werden die Formgebung an sich maßgebend beeinflussen. Grobkörnige und grobfasrige Schnellpreßmassen, Leinenschnitzelmassen werden einfache Formgebung notwendig machen und wegen ihres geringeren Fließvermögens die Ausbildung sehr tiefer Gegenstände erschweren. Anzahl, Form und Werkstoff der einzubettenden Metallteile werden ebenfalls unter sonst gleichen Verhältnissen die Formgebung maßgebend beeinflussen. Allgemein können für die Formgebung des Preßlings folgende Gesichtspunkte als Anhalt dienen: 1. Einfache Formgebung, um mög-

(Fortsetzung siehe Seite 103.)

Zahlentafel 17.

DK 679.5 | Deutsche Normen | November 1936

Kunstharz-Preßstoffe
warmgepreßt

Werkstoffe

DIN 7701

Kunstharz-Preßstoffe werden eingeteilt in: **A** Nichtgeschichtete Preßstoffe
B Geschichtete Preßstoffe

A. Nichtgeschichtete Preßstoffe.

Nichtgeschichtete Preßstoffe werden überwiegend als Fertigerzeugnisse durch spanlose Formung in beheizten Formen hergestellt und bedürfen außer der Gratbeseitigung in der Regel keiner weiteren Bearbeitung. Sie eignen sich auch zum Um- und Einpressen von Bauteilen aus anderen Werkstoffen. Da zur Herstellung Preßformen notwendig sind, lassen sich diese Preßstoffe besonders für Werkstücke verwenden, die in größeren Stückzahlen benötigt werden. Außerdem werden aber auch Formstangen und Rohre nach dem Strangpreßverfahren und Platten hergestellt.
In Tafel 1 und 2 sind nur die für die Verwendung wichtigsten mechanischen, thermischen und chemischen Eigenschaften aufgenommen. Bezüglich der elektrischen Eigenschaften siehe VDE 0320 „Leitsätze für die Prüfung nichtkeramischer, gummifreier Isolierpreßstoffe".

Zahlentafel 17 (Fortsetzung).

Eigenschaften und Prüfverfahren

Physikalische Eigenschaften

Tafel 1

1	2	3	4	5	6	7	8	9	10	11	12
		Eigenschaften									
		mechanische						thermische			
Zusammensetzung	Bezeichnung Typ[1]	Biegefestigkeit σbB kg/cm² mind.	Schlagbiegefestigkeit **a** cmkg/cm² mind.	Druckfestigkeit σdB kg/cm² mind.	Zugfestigkeit σzB kg/cm² mind.	Härte[4] kg/cm² mind.	Elastizitätsmodul **E** kg/cm² Richtwerte	Wärmefestigkeit nach Martens °C[2] mind.	Glutfestigkeit[3] Gütegrad mind.	Lineare Wärmedehnzahl je °C zwischen 0° und 50° $\alpha_t \cdot 10^6$	Gewicht kg/dm³ ≈
Phenoplast a) mit organischem Füllstoff (Holzmehl)	S	700	6	2000	250	1300	55 000 bis 80 000	125	3	40 bis 50	1,4
b) mit organischen Gespinsten	T	600	12	1500	250	1300	70 000 bis 100 000	125	2	20 bis 30	1,4
c) mit anorganischem Füllstoff	1	500	3,5	1200	250	1500	90 000 bis 150 000	150	4	20 bis 30	1,8
d) mit anorganischen Gespinsten	M	700	15	1200	250	1500	90 000 bis 160 000	150	4	15 bis 30	1,8
Aminoplast mit organischem Füllstoff	K	600	5	1800	250	1500	50 000 bis 100 000	100	3	40 bis 50	1,5

[1] Die Typenbezeichnung stimmt überein mit den Beschlüssen der Technischen Kommission der Fachgruppe 7 „Preßstoffe" der Wirtschaftsgruppe Elektroindustrie, Berlin W 35.

[2] Unter Wärmefestigkeit nach Martens wird verstanden, daß der Prüfkörper bei der angegebenen Temperatur unter der verhältnismäßig hohen Biegebeanspruchung von 50 kg/cm² sich um einen bestimmten Grad verformt hat. Mechanisch gering beanspruchte Erzeugnisse können gegebenenfalls bei höheren Temperaturen verwendet werden. Dabei ist zu beachten, daß die Dauerwärmefestigkeit anorganisch gefüllter Preßstoffe allgemein oberhalb der Wärmefestigkeit nach Martens, die organisch gefüllter dagegen unterhalb dieser liegt. Die Dauerwärmefestigkeit eines Stoffes wird in Grad Celsius angegeben und kennzeichnet die höchste Temperatur, die der Stoff auf lange Dauer (mindestens 200 h) annehmen kann, ohne seine Eigenschaften wesentlich zu verschlechtern. Die Eigenschaften vor und nach der Dauererwärmung sind bei Raumtemperatur zu bestimmen.

[3] Glutfestigkeit dient zur Beurteilung der Brennbarkeit. Nach Ermittlungen des Staatlichen Material-Prüfungsamtes, Berlin-Dahlem, hat z. B. Zellhorn die Glutfestigkeit 0, Eichenholz 2, Zement 5.

[4] Da zur Bestimmung der Härte nach VDE 0302 die Eindrucktiefe unter Last gemessen wird, ist ein Vergleich der Werte mit Brinellhärtezahlen nicht zulässig.

Zahlentafel 17 (Fortsetzung).

Die angegebenen Werte für Biegefestigkeit, Schlagbiegefestigkeit, Wärmefestigkeit und Glutfestigkeit werden bei denjenigen Preßstoffen gewährleistet, die der ständigen Überwachung durch das Staatliche Material-Prüfungsamt, Berlin-Dahlem, unterliegen und zur Kennzeichnung das Überwachungszeichen tragen. Das gleiche gilt für Fertigerzeugnisse mit dem Überwachungszeichen.

1. Allgemeines

Die 5 mm dicken Prüflinge sind 5 Minuten, die 10 mm dicken 10 Minuten lang bei einer Temperatur von 160° im Mittel, bei Typ K von 135°, zu pressen und nicht nachzuhärten. Prüfung auf mechanische Eigenschaften bei etwa 20°.

2. Biegefestigkeit, Schlagbiegefestigkeit und Wärmefestigkeit

nach VDE 0302 „Vorschriften für die Prüfung elektrischer Isolierstoffe".

3. Glutfestigkeit

nach VDE 0305 „Leitsätze für die Bestimmung der Glutfestigkeit von Isolierstoffen".

4. Zugfestigkeit

ermittelt an Flachstäben nach Bild 1 aus Platten. Versuchsdauer 3 Minuten.

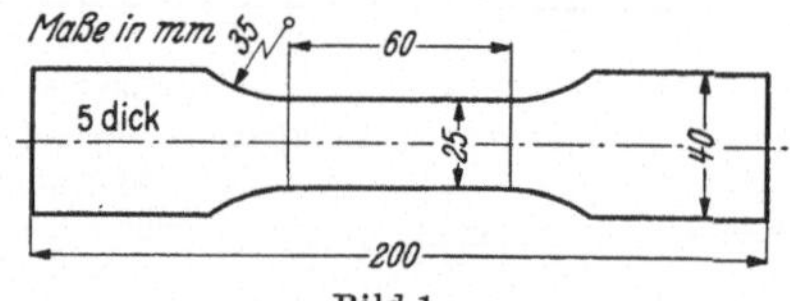

Bild 1.

5. Druckfestigkeit

ermittelt an Würfeln von 10 mm Kantenlänge; Druck rechtwinklig zur Preßrichtung.

6. Härte

nach VDE 0302 „Vorschriften für die Prüfung elektrischer Isolierstoffe"; ermittelt an 5 mm dicken Flachstäben.

7. Elastizitätsmodul

ermittelt durch Biegeversuch an Flachstäben 120 mm × 15 mm × 5 mm; einseitige Einspannung, 1 kg Belastung und 100 mm Meßlänge.

8. Lineare Wärmedehnzahl

ermittelt an Flachstäben 120 mm × 15 mm × 5 mm zwischen 0° und 50°.

Chemische Eigenschaften

9. Chemische Beständigkeit

Die chemische Beständigkeit hängt ab von Konzentration, Temperatur und Art der einwirkenden Chemikalien. In Zweifelsfällen wird unter möglichst genauer Angabe der Verhältnisse Rückfrage beim Lieferer empfohlen. Einen ungefähren Anhalt gibt Tafel 2.

Tafel 2.

1	2	3	4	5	6	7	8	9	10	11	12
Typ	Spiritus	Azeton	Äther	Benzin und Terpentinöl	Benzol und Homologe	Fette und Öle	Chlor-Kohlenwasserstoffe	Säuren		Laugen	
								stark	schwach	stark	schwach
S	+	+	+	+	+	+	+	—	+	—	?
T, K	+	+	+	+	+	+	+	—	?	—	?
1, M	+	+	+	+	+	+	+	—	+	—	+

+ = beständig oder widerstandsfähig, — = unbeständig, löslich, wird angegriffen, ? = zweifelhaft.

Zahlentafel 17 (Fortsetzung).

10. Verhalten gegen Feuchtigkeit

Preßstoffe mit anorganischen Füllstoffen sind praktisch feuchtigkeitsfest. Preßstoffe mit organischen Füllstoffen nehmen bei dauernder Einwirkung hoher Feuchtigkeit geringe Mengen Wasser auf, verbunden mit Form- und Festigkeitsveränderungen, die jedoch für viele Anwendungszwecke bedeutungslos sind.

Vereinfachte Güteprüfung

11. Kochversuch

Erzeugnisse aus Kunstharz-Preßstoffen dürfen nach viertelstündigem Liegen in siedendem Wasser keine wesentlichen Veränderungen aufweisen.

B. Geschichtete Preßstoffe.

Aus geschichteten Preßstoffen werden in der Regel Platten, Rohre und Formstangen hergestellt. Sie eignen sich zur Fertigung von Werkstücken durch spanabhebende Formung. Außerdem werden auch Formstücke durch spanlose Formung in beheizten Formen gefertigt. Auch können Bauteile aus anderen Werkstoffen um- oder eingepreßt werden.

Unterschieden werden Hartpapier und Hartgewebe.

12. Platten

Abmessungen und Klassen
für Hartpapierplatten siehe DIN VDE 605,
für Hartgewebeplatten siehe DIN VDE 606.

Tafel 3

1	2	3	4	5	6	7	8	9	10	11	12	13
Art	Klasse	Eigenschaften									Gewicht kg/dm³ ≈	Bearbeitbarkeit
		mechanische								thermische		
		Biegefestigkeit σbB kg/cm² mindestens roh	Biegefestigkeit σbB kg/cm² mindestens abgearbeitet	Schlagbiegefestigkeit a cmkg/cm² mindestens	Druckfestigkeit σdB kg/cm² mindestens	Zugfestigkeit σzB kg/cm² mindestens	Härte[4] kg/cm² mindestens	Elastizitätsmodul E kg/cm² Richtwerte	Spaltfestigkeit[5] kg mindestens	Lineare Wärmedehnzahl je °C zwischen 0° und 50° $\alpha_t \cdot 10^6$		
Hartpapier (Platten)	II	1500	1300	25	1500	1200	1300	80 000 bis 110 000	200	10 bis 25	1,4	leicht für jede spanabhebende Formung mit geeigneten Werkzeugen
Hartgewebe (Platten)	G	1000	800	25	2000	500	1300	60 000 bis 80 000	300	10 bis 25	1,4	
	F	1300	1000	30	2000	800	1300	70 000 bis 90 000	250	10 bis 25	1,4	

[4] Da zur Bestimmung der Härte nach VDE 0302 die Eindrucktiefe unter Last gemessen wird, ist ein Vergleich der Werte mit Brinellhärtezahlen nicht zulässig.

[5] Bezogen auf Versuchskörper nach VDE 0318 (in Vorbereitung).

Zahlentafel 17 (Fortsetzung).

Platten werden je nach den Herstelleinrichtungen in Breiten von 500 bis 1500 mm und in Längen von 1000 bis 2000 mm gepreßt. Das Pressen beliebiger Plattengrößen ist nicht möglich; werden also bestimmte Plattengrößen verlangt, so können sie aus Platten üblicher Herstellgröße geschnitten werden, wobei mit Verschnitt zu rechnen ist.

Die gebräuchlichste Sorte von Hartpapier ist Klasse II, für die die Angaben in Tafel 3 gelten. Die Klassen I, III und IV werden überwiegend bei elektrischer Beanspruchung verwendet. Vgl. VDE 0318 (in Vorbereitung).

Die Angaben in Tafel 3 gelten für Hartgewebe aus Baumwollfaser „Grobgewebe (G)“ und „Feingewebe (F)“.

Weitere Werte, insbesondere über elektrische Eigenschaften siehe DIN VDE 610, Hartpapier und Hartgewebe, Technische Lieferbedingungen (in Vorbereitung).

Die angegebenen Werte für Biegefestigkeit, Schlagbiegefestigkeit und Härte gelten rechtwinklig zur Schichtrichtung, für Druckfestigkeit, Zugfestigkeit und Spaltfestigkeit in Schichtrichtung.

13. Rohre

Abmessungen für Hartpapier-Rundrohre, gewickelt, siehe DIN VDE 607 (in Vorbereitung).

Rundrohre und Profilrohre werden in Hartpapier und Hartgewebe geliefert. Rundrohre werden in allen Durchmessern und Dicken gewickelt. Profilrohre erfordern Preßformen und sind daher teurer. Die Herstellängen der Rohre sind von ihren Querschnitten abhängig.

14. Formstangen

Formstangen werden mit runden, rechteckigen und quadratischen, in Sonderfällen auch mit anderen Querschnitten, in Hartpapier und Hartgewebe in der Regel bis zu 1 m Länge geliefert. Sie werden meist gewickelt und anschließend in Preßformen gepreßt (Bild 2), seltener aus Platten herausgearbeitet (Bild 3). Bei Stangen nach Bild 2 liegen die Schichten gewickelt und verfaltet, wobei in Längsrichtung häufig 2 Preßnähte vorhanden sind, bei Stangen nach Bild 3 liegen sie in parallelen Ebenen.

Ein wesentlicher Unterschied besteht in der Verwendungsmöglichkeit je nach dem Herstellverfahren wegen der verschiedenen Stoffschichtung (siehe Bilder 2 und 3).

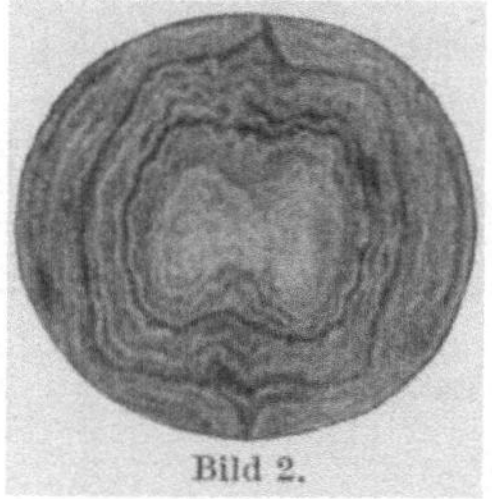

Bild 2.

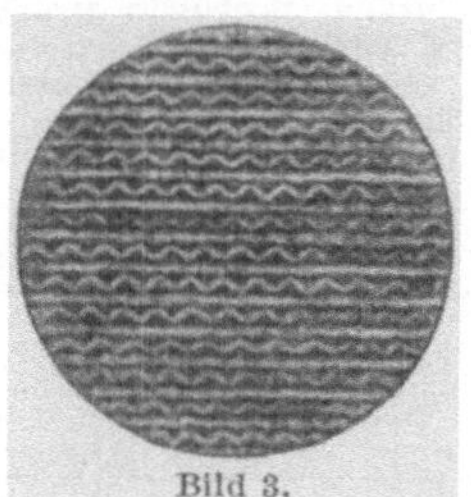

Bild 3.

15. Formstücke

Werkstücke aus geschichteten Preßstoffen können auch durch spanlose Formung in beheizten Formen bei zweckmäßiger Anordnung der Schichtrichtung für besonders hohe mechanische und elektrische Beanspruchung hergestellt werden.

Eigenschaften und Prüfverfahren

Physikalische Eigenschaften

16. Platten, Rohre, Formstangen und Formstücke

Bei Verwendung von Werkstücken aus geschichteten Stoffen muß auf die Schichtrichtung Rücksicht genommen werden, weil die Festigkeitseigenschaften rechtwinklig zur Schichtrichtung andere sind als in Schichtrichtung. Die mechanischen Werte können längs und quer zur Faserrichtung verschieden sein. Die angegebenen Werte sind Mindestwerte und gelten daher auch quer zur Faserrichtung.

Zahlentafel 17 (Fortsetzung).

Bestimmung der Eigenschaften nach VDE 0318 „Leitsätze für die Prüfung von Hartpapier und Hartgewebe" (in Vorbereitung).

Gleiche Prüfbedingungen vorausgesetzt entsprechen die Festigkeitseigenschaften von gewickelten Formstangen und Formstücken etwa denen der Platten. Bei Formstangen, die aus Platten hergestellt sind, ist die Schichtrichtung zu berücksichtigen. Bei gewickelten Rohren liegen die Festigkeitswerte etwas niedriger als bei Platten.

Fachausschuß für Kunst- und Preßstoffe beim VDI
Verband Deutscher Elektrotechniker E. V.

(Fortsetzung von Seite 98.)

lichst einfache und demzufolge billige Formen zu erhalten. 2. Einfache glatte Querschnittsübergänge unter möglichster Vermeidung von Werkstoffanhäufungen. Da diese weniger schnell und gleichmäßig durchhärten als die dünneren Querschnitte, geben sie Veranlassung zu Verwerfungen und Rissen und fleckiger Oberfläche 3. Vermeidung aller scharfen Kanten und Ecken, besonders bei tieferen Gegenständen, da diese immer Veranlassung zu Anbrüchen und Kantenrissen geben. 4. Vermeidung aller Formnachahmungen von aus Holz und Metallen hergestellten Gegenständen. Derartige Formwidrigkeiten werden der Eigenart des Preßstoffs nicht gerecht, wirken unsachgemäß und täuschen etwas vor, was nicht vorhanden ist. Außerdem bringen sie unnötigerweise Schwierigkeiten beim Pressen und verteuern die Formen sehr beträchtlich. 5. Sorgfältige Aussteifung von tiefen Ecken, um nicht bloß eine genügende Steifigkeit in den Preßling hineinzubekommen, sondern auch Verwerfungen, Anbrüche und Kantenrisse auszuschließen. 6. Sorgfältige Einlagerung der einzupressenden Metallteile in der Form, um ein einwandfreies und dauernd festes Einpacken in den Preßling zu erhalten. 7. Vermeidung aller sperrigen Stücke mit Rücksicht auf die möglichst einfach und billig herzustellende Form und den Auswerfvorgang. Abb. 49, 50, 51, 52 zeigen Beispiele der Gestaltung. Die Formgebung des Preßlings ist nicht nur maßgebend für seine mechanischen und sonstigen Eigenschaften, seine Oberflächengüte, sondern beeinflußt maßgebend die Kosten der Form, die Lebensdauer der Form, die Lebensdauer der Presse und damit die Wirtschaftlichkeit der gesamten Herstellung. Die Formen werden aus besten

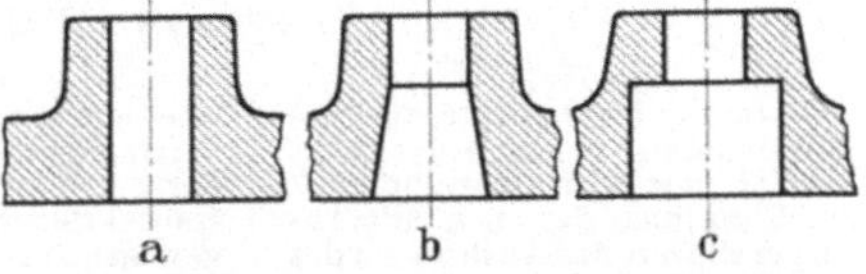

Abb. 49. Richtig ausgeführte Bohrungen.
a) Länge der Bohrung = 2 mal Durchmesser; bei längeren Bohrungen wird der Druck auf den Kernstift zu groß.
b) Konisch erweiterte Bohrungen ermöglichen längere Bohrungen, da die konische Verstärkung des Kernstiftes den höheren Preßdrücken gewachsen ist und günstiges Fließen des Werkstoffs beim Pressen ermöglicht.
c) Wie bei „b" erlaubt die zylindrische Wurzelverstärkung des Kernstiftes längere Bohrungen.

Werkzeugstählen mit besonderer Sorgfalt und Genauigkeit hergestellt. Für die Phenolharze und ihre Schnellpreßmassen werden benutzt: unlegierte Elektrostähle, unlegierte und legierte Einsatzstähle und Vergütungsstähle, reine Nickelstähle, reine Chromstähle und Chrom-Wolframstähle. Für die Karbamidharze und ihre Schnellpreßmassen werden benutzt: reine Chromstähle und Chrom-Wolframstähle. Unlegierte Stähle scheiden für die Karbamidharz-Schnellpreßmassen aus, da diese während des Preß- und Härtevorgangs die Formenoberfläche stark angreifen und zum Anbacken (Anbrennen) neigen. Die Herstellung der Formen geschieht bzgl. Teilung, Kerneinlagerung nach denselben Gesichtspunkten wie bei Spritzguß- bzw. Preßgußformen. Die Formenoberfläche ist maßgebend für die Oberflächengüte des Preßlings. Hochglänzende Stellen am Preßling müssen in der Form hochglanz poliert werden. Selbstverständlich lassen sich in die Form alle gewünschten Namen, Zeichen, Schaltschema u. dgl. eingravieren. Zu beachten ist, daß die Verformungsarbeit bei allen Kunstharzen und plastischen Massen sehr groß ist und die Formen demzufolge sehr kräftig ausgeführt werden müssen. Ferner ist bei dem Formenbau auf einwandfreies und bequemes Ausbringen (Auswerfen) des Preßlings und auf

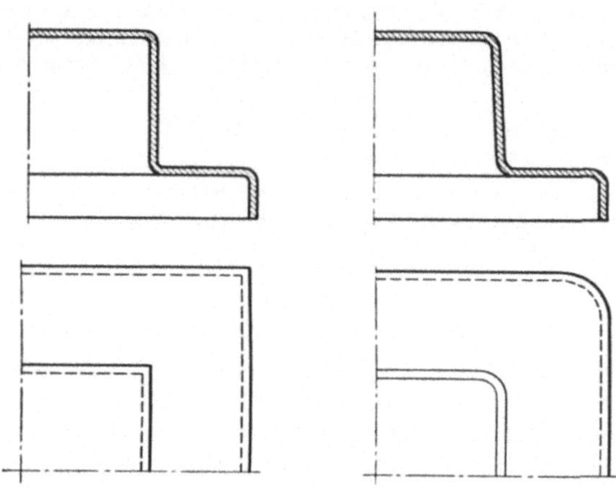

Abb. 50a u. b. Gestaltung von Preßlingen.

Falsch.
Die starken Kanten verteuern die Form ganz beträchtlich; der Werkstoff staut sich an ihnen und spült die Form aus; der zu kleine Anzug erschwert das Ausbringen des Preßlings aus der Form.

Richtig.
Die gut ausgerundeten Kanten verringern die Herstellungskosten der Form, ermöglichen einwandfreies Fließen des Werkstoffs; der genügend große Anzug ermöglicht gutes Ausbringen des Preßlings aus der Form.

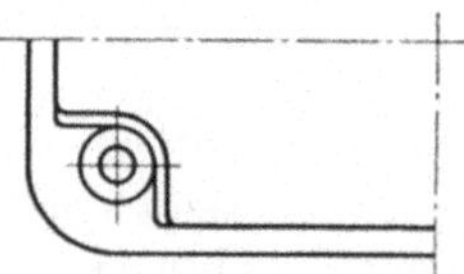

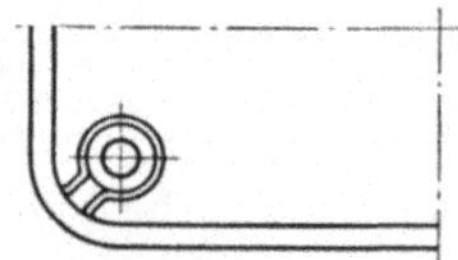

Abb. 51a u. b. Ausbildung von Ecklöchern.

Falsch.
Infolge des ungleichmäßigen Seitendrucks auf den Kernstift besteht die Gefahr des Abreißens und des unvollkommenen Auspressens.

Richtig.
Da der Kernstift gleichmäßige Seitendrücke erhält, wird das von der Wand abgerückte und mit ihr durch eine Rippe verbundene Loch gut ausgepreßt.

gleichmäßigste Beheizung der Formen ganz besonderer Wert zu legen. Die Beheizung erfolgt elektrisch, durch Heißwasser, Dampf und Gas. Alle Teile der Formenoberfläche müssen gleichmäßig hoch beheizt werden, um ein durchaus gleichmäßiges Durchhärten (Backen) des Preßlings zu gewährleisten, ein Anbrennen bzw. Verbrennen an zu heißen Stellen der Form auszuschalten und ein Anbacken unmöglich zu machen.

Die Grundtypen der benutzten Preßformen zeigt Abb. 53. Mit Rücksicht auf Werkstoffersparnis werden bei großen Preßlingen Klappformen benutzt, bei denen nur die unmittelbar mit dem Preßling in Verbindung kommenden Formteile aus dem hochwertigen Stahl hergestellt sind, während der Hauptformkörper aus einem ge-

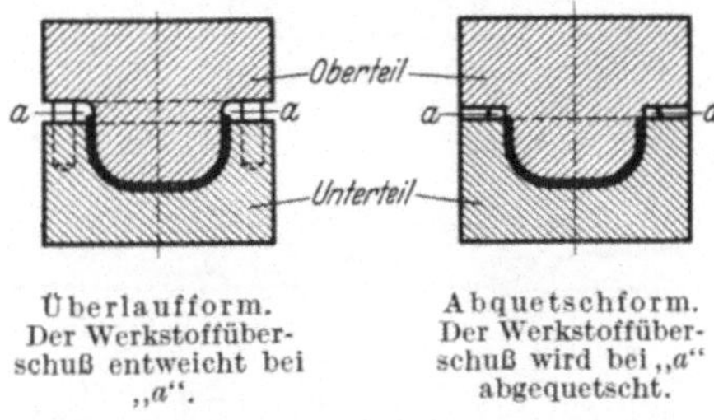

Überlaufform. Der Werkstoffüberschuß entweicht bei „a".

Abquetschform. Der Werkstoffüberschuß wird bei „a" abgequetscht.

Geschlossene Formen.

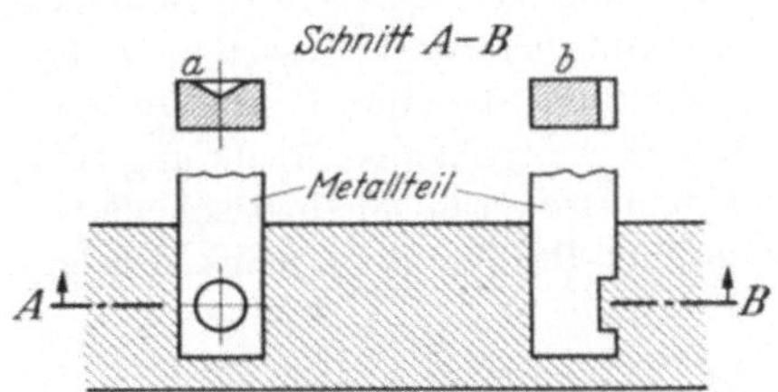

Abb. 52. Einbettung von Metallteilen. Nach „a" wird durch Ankörnung, nach „b" durch Einkerbung das Herausziehen bzw. Lockerwerden der Metallteile verhindert.

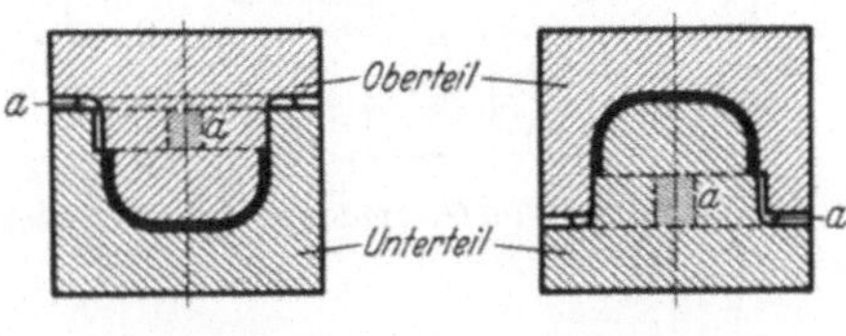

Normale Füllraumform.

Umgekehrte Füllraumform.

Der Werkstoffüberschuß wird in besondere Austriebe „a" verdrängt.

Abb. 53. Grundtypen der Preßformen.

wöhnlichen guten Maschinenstahl angefertigt ist (s. Abb. 54). Einzupressende Metallteile werden als Kerne in die Form eingelegt, Durchbrechungen und Bohrungen durch bewegliche Schieber (Kerne) hergestellt. Die Formen werden als Einfach-Formen (s. Abb. 54) und als Mehrfach-Formen ausgeführt (s. Abb. 55). Der Einbau der Formen in die Presse muß mit größter Sorgfalt geschehen, um eine möglichst hohe Lebensdauer der Form zu erreichen und um die Presse weitgehendst zu schonen. Zur Vermeidung der Wärmerückwirkung der geheizten Form auf die Presse und den daraus sich ergebenden Ungenauigkeiten werden zwischen die Formen und die Pressenteile Wärmeschutzplatten eingebaut, die als Schichtplatten ausgebildet sind. Außerdem werden besondere Kühlkanäle in den Unterbau der Formen eingebracht. Zum Pressen werden die Formen nach jedem Preßvorgang mit Preßluft ausgeblasen und häufig — vor allem bei Karbamidharzen — mit einem Formenwachs ausge-

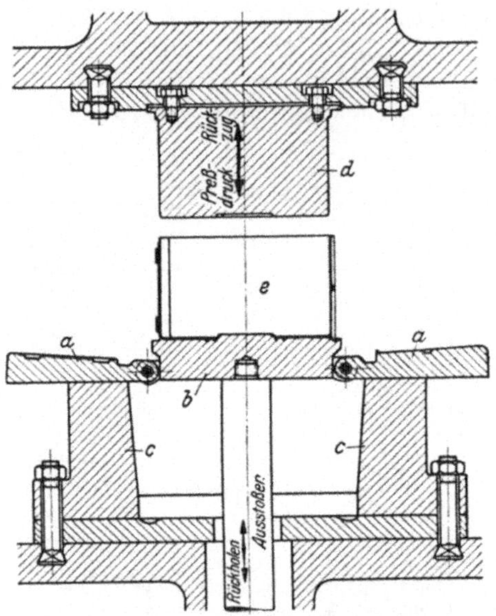

Abb. 54. Einzelform (Klappform) für große Stücke.

schmiert. Mit Rücksicht auf die bequeme Temperaturregelung und den einfachen Einbau werden elektrisch beheizte Formen heute bevorzugt.

c) Die Pressen.

Der Vorgang beim Heißverpressen der Schnellpreßmassen ist grundsätzlich anders als der Vorgang beim Pressen von Metallen im Gesenk. Der sehr große Verformungswiderstand aller Schnellpreßmassen, der eigentümliche Vorgang des Fließens, die an die Pressung sich sofort anschließende Härtung erfordert Pressen besonderer Bauart, die allen diesen Verhältnissen weitgehendst Rechnung tragen müssen. Den schematischen Verlauf des Preßvorgangs zeigt Abb. 56.

Abb. 55. 12fach-Form für Kipphobel für elektrische Schalter; Heizung elektrisch. Gebr. Götz-Lauter (Sa.).

Die für die Verpressung der Schnellpreßmassen benutzten Pressen können eingeteilt werden: 1. Nach der Art des Antriebes: Pressen mit Handbetrieb bis zu 70 t größter Druckkraft; Pressen mit Kraftantrieb bis zu 2500 t größter Druckkraft. 2. Nach der Art der Kraftübertragung: a) durch mechanische Getriebe: Zweiwellengetriebe, Zweikurbelgetriebe, Zahnkurvengetriebe, Kniehebelgetriebe, Kurbelgetriebe, mechanisch-pneumatische Getriebe. b) durch hydraulische Getriebe: ölhydraulische Getriebe, rein hydraulische Getriebe. 3. Nach der Bauart: Einzelpressen, Reihenpressen, Drehtischpressen. 4. Nach der Druckwirkung: Unterdruckpressen, Oberdruckpressen, Winkeldruckpressen. Die heute am meisten für die Heißpressung verwandte Pressenbauart ist die der Oberdruckpresse. Der Handantrieb spielt nur noch eine untergeordnete Rolle, da seine Anwendung auf kleinere Stücke beschränkt bleiben muß und bei großen Stückzahlen starke Ermüdung des Arbeiters eintritt. Für große Druckleistungen kommt wegen ihrer ganz besonders guten Anpassungsfähigkeit an den Preßvorgang nur die hydraulische Presse als Einzelpresse in Frage. Sie setzt sich auch für kleinere und

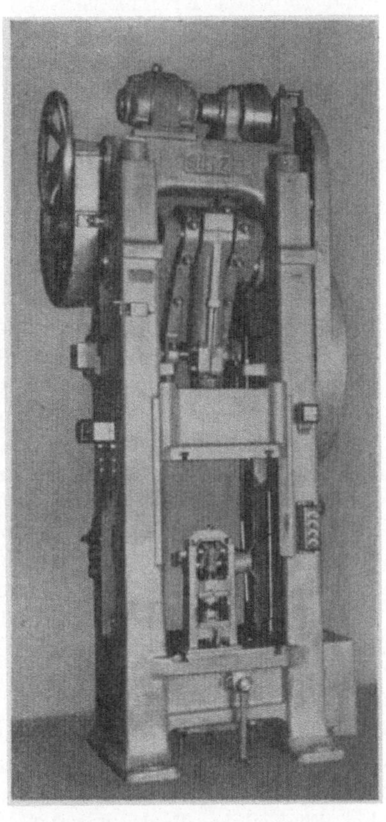

Abb. 57. Kunstharzpresse von 120 t Druckleistung. Antrieb: mechanisch nach patentiertem Zweikurbelsystem; Motorzeitrelais und Druckknopfsteuerung. Auf dem Pressentisch eine kleine Handpresse von 12 t Druckleistung nach demselben Prinzip gebaut. Gebr. Goetz, Lauter (Sa.).

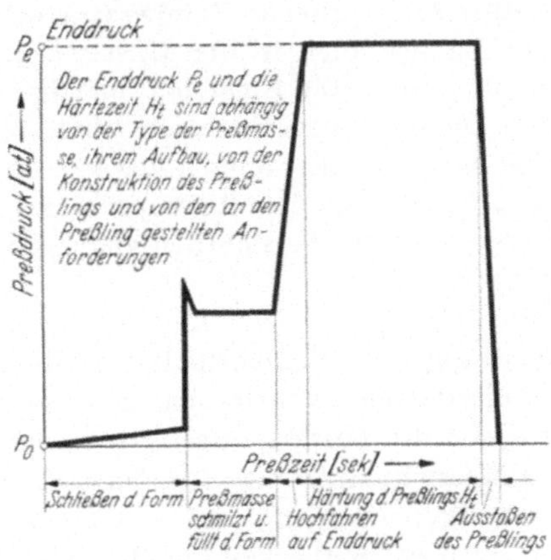

Abb. 56. Schematischer Verlauf des Preßvorganges bei Kunstharzpreßlingen.

mittlere Leistungen mehr und mehr durch. Für die durch mechanische Getriebe betätigten Kraftpressen kommt nur Einzelbetrieb durch Elektromotor zur Anwendung (Abb. 57); für die ölhydraulisch und rein hydraulisch angetriebenen Kraftpressen bei mittlerer Druckleistung kommt Einzel- und Gruppenantrieb zur Anwendung, für die rein hydraulisch angetriebenen Kraftpressen größerer und größter Druckleistung nur Einzelantrieb. Bei diesen Pressen wird der Druckluftakkumulator wegen seiner bekannten Vorzüge — geringes Gewicht, kleiner Raumbedarf, gute Steuerfähigkeit, keine beweglichen Teile — in steigendem Umfange benutzt. Mit Rücksicht auf schnelles, gleichmäßig gutes Arbeiten und zur genauen Einhaltung der richtigen Preßzeit erfolgt die Steuerung der Pressen heute fast ausschließlich selbsttätig durch elektrische Schaltungen, die den gesamten Preßverlauf steuern. Diese regeln bei mechanisch angetriebenen Pressen den Antriebsmotor, bei hydraulisch angetriebenen Pressen die Steuerung. Die Betätigung der Schaltung erfolgt durch Druckknöpfe. Die genaue Einhaltung der zum Härten (Backen) für die Schnellpreßmassen erforderlichen Temperatur ist für die Herstellung einwandfreier Preßlinge von der größten Bedeutung. Die Temperaturregelung ist bei der Verwendung von Dampf und Heißwasser für die Formenbeheizung verhältnismäßig sehr einfach; sie geschieht dort durch geeichte Kontrollmanometer, geeichte Thermometer und Drosselventile. Bei der Verwendung von Gas und Elektrizität erfolgt sie durch selbsttätig wirkende Temperaturregler, Kontaktthermometer, wie sie in gleicher Bauart auch in der Härterei usw. benutzt werden. Die Formtemperatur selbst wird durch Einsteckthermometer überwacht, die an entsprechenden Stellen in die Form eingebaut sind. Zur Vermeidung von Überlastungen der Presse oder Überpressungen des Preßlings sind Sicherheitsvorrichtungen vorgesehen. Alle zur Druck- und Temperaturregelung notwendigen Apparate sind an der Presse selbst übersichtlich angeordnet.

d) Preßtechnik.

Vor dem ersten Gebrauch ist die Form sorgfältigst mehrmals mit Benzol auszuwaschen, um die letzten Reste des Poliermittels zu entfernen. Ebenso soll bei Wechsel der Farbe der Schnellpreßmassen die Form sorgfältigst ausgewaschen werden, um die Reste der früheren Masse zu entfernen. Andernfalls ergeben sich farbunreine und klecksige Preßlinge, wie überhaupt besonders bei Verarbeiten farbiger Mischungen mit der größten Sauberkeit im Betriebe gearbeitet werden muß. Die Schnellpreßmasse wird entweder als loses Pulver oder als Tablette (Pille) in die aufgeheizte Form eingegeben. Bei der Verwendung loser Massen werden Füllvorrichtungen aus Leichtmetall benutzt, um ein sparsames und staubfreies Arbeiten zu ermöglichen. Die Tabletten oder Pillen werden auf Tablettiermaschinen hergestellt (s. Abb. 58). Durch das Tablettieren ist ein besonders sparsamer und sauberer Betrieb möglich; außerdem werden durch das Vorverdichten der Schnellpreßmassen die Härtezeiten etwas abgekürzt und Preßlinge von einwandfreier und gleichmäßiger Oberflächengüte hergestellt. Vor und nach dem Pressen wird die Form mit Preßluft von 5—6 at Druck ausgeblasen zur einwandfreien Reinigung der Form und zur Erleichterung des Aushebens des Preßlings aus der Form. Das Entfernen des Preßlings aus der Form erfolgt entweder durch Ausblasen mit Preßluft — die kalte Preßluft kühlt den Preßling schnell ab, beschleunigt seine Schwindung und hebt ihn aus der Form — oder mit selbsttätig wirkenden Auswerfern (Ausstoßern), häufig unter Benutzung einer Abhebegabel oder Entfernungszange, besonders bei Mehrfach-Formen. Diese hält den durch den Auswerfer etwas über die Form gehobenen Preßling fest; er bleibt beim Zurückgehen des Auswerfers auf der Gabel usw. liegen und kann bequem aus der Form herausgenommen werden. Bei der Doppelpressung, z. B. für Telephonhörer, wird bei 140—145° in der geheizten Form ein Preßling hergestellt, der noch nicht ausgehärtet ist; nach Abkühlen der Form auf 60° wird er aus der Form herausgenommen, in eine zweite Form eingesetzt und dort bei der für die Schnellpreßmasse richtigen Härtetemperatur fertig gepreßt, nachdem die Drähte eingelegt wurden. Diese teure Doppelpressung ist notwendig, weil bei einfacher Pressung die Drähte zerreißen oder sich verlagern würden. Die Doppelpressung stellt an die Fließfähigkeit der Schnellpreßmasse die größten Ansprüche und verlangt, vor allem bei elektrischer Beheizung der Form, sehr sorgfältiges Ausprobieren und große Erfahrung.

Abb. 58. Tablettier-(Pillen-)Maschine für Schnellpreßmassen größter Stempeldruck: 10 t. Maschinenfabrik F. Kilian, Berlin.

Sehr wichtig ist neben einwandfreier Beheizung der Form und Temperaturregelung die richtige Bemessung des Preßdrucks, der u. a. sehr stark abhängig ist vom Fließvermögen der benutzten Schnellpreßmassen, ihrer Zusammensetzung, von der Oberfläche, den Querschnittverhältnissen und der Tiefe des

Preßlings, von der gewünschten Oberflächengüte (s. Zahlentafel 18). Nach einem besonderen Preßverfahren können in stufenweis beheizten Matrizen durch Strangpressen Rohre, Leisten, Profile und brettähnliche Teile bis zu ca. 4 m Länge hergestellt werden. Auch können Stahlrohre innen oder außen mit Kunstharz umpreßt werden.

Zahlentafel 18. Preßdrücke in kg/cm² Oberfläche (mindestens).

Type der Schnell-preß-masse	Flache Gegenstände		Tiefe Gegenstände	
	einfach geformt	verwickelt geformt [1]	einfach geformt	verwickelt geformt [1]
0 und 1	150—200	250—400	300—500	400—700
S	300—450	400—600	500—700	600—850
T	250—350	350—500	350—500	500—700
M	200—300	300—450	450—550	500—650
K	150—200	250—400	300—500	400—700

Die Erhöhung des Preßdrucks führt immer zu besserer Oberflächenbeschaffenheit und höherer Glutbeständigkeit, da ein besseres Eindringen und Durchtränken des Harzes mit dem Füllstoff stattfindet.

[1] z. B. Umwulstungen, Durchbrüche, eingebettete Metallteile u. a.

Der Preßdruck muß stets von Fall zu Fall durch Ausprobieren festgelegt werden; die Zahlen sind nur als Richtwerte anzusehen.

e) Schichtstoffe.

Die Schichtstoffe sind regelmäßig geschichtete Werkstoffe auf der Grundlage der Phenol- bzw. Kresolharze und der Karbamidharze. Alle Schichtstoffe bestehen aus beliebig vielen Lagen mit gelösten Kunstharzen getränkter Papier- oder Gewebebahnen, die zwischen geheizten Preßplatten unter sehr hohem Druck zu einem einheitlichen Körper verpreßt (verschweißt) oder nach der Tränkung zu Voll- oder Hohlkörpern verpreßt werden. Diese Schichtstoffe heißen bei der Verwendung von Papier: Hartpapiere; bei Verwendung von Geweben: Hartgewebe, und zwar Fein- bzw. Grobgewebe je nach Fadenstärke und Maschenweite des benutzten Gewebes. Geliefert werden die Schichtstoffe auf Phenol- bzw. Kresolharzgrundlage als: Platten, Rohre (Rund- und Formrohre), volle Wickelkörper, (Rund- und Vierkantkörper) Formstücke; außerdem werden durch Verpressen mit Metallen (ausgenommen Zink), Asbestschiefer, Sperrholz, Gewebebahnen mit Hartpapier bzw. Hartgewebe die Verbundplatten hergestellt. Zur Herstellung der Schichtstoffe werden endlose Bahnen aus einem gut saugfähigem Papier oder einem fein- bzw. grobfädigen Baumwollgewebe sorgfältig mit einer warmen Lösung von A-Phenol bzw. Kresolharz in dematuriertem Spiritus (rd. 55—65% Harz) durchtränkt. Das Tränken geschieht in besonderen Maschinen sofort in einem Arbeitsgang beidseitig oder in mehreren Arbeitsgängen mit Streich- oder Lackiermaschinen. Nach der Tränkung werden die Bahnen bei rd. 95° vorgetrocknet, so daß sie nicht mehr kleben, und bei Platten und Formstücken in die gewünschten Abmessungen zerschnitten. Die dabei entstehenden Abfälle werden zerkleinert und als Preßmasse benutzt. Die zu Tafeln zurechtgeschnittenen Bahnen werden entsprechend der gewünschten Plattengröße und Plattenstärke aufeinandergeschichtet und in hydraulisch betriebenen Unterdruckpressen (s. Abb. 59) zwischen stets mit Dampf geheizten Preßplatten bei etwa 140° zusammengepreßt. Auf die oberste und unterste Lage werden polierte Nickel- oder Aluminiumbleche gelegt, um der Platte Hochglanz zu geben. Der Preßdruck beträgt bei Hartpapieren etwa 50—80 kg/cm², bei Hartgeweben etwa 60—120 kg/cm² je nach Plattenstärke.

Abb. 59. Presse für Schichtstoffplatten.
Antrieb: Hydraulisch. Größter Preßdruck: 2500—5000 t.
Bauart: Unterdruckpresse. Plattengrößen: 1,1 × 2,2 m.
Wumag, Görlitz.

Die Preßzeit beträgt je nach Plattenstärke 10 Minuten bis zu 28 Stunden. Das Pressen muß ganz gleichmäßig unter gleichbleibendem Druck erfolgen, damit die Platte gleichmäßig durchhärtet (durchbackt). Nach dem Pressen muß langsam und gleichmäßig abgekühlt werden, um Reißen und Verziehen unmöglich zu machen. Beim Pressen schmilzt das eingetränkte Harz, durchtränkt die Papier- und Gewebebahnen innig und härtet dann durch. Die Platten werden nach dem Abkühlen mit Kreis- oder Bandsägen besäumt, da die Ränder stets rauh bleiben, weil sie nicht genügend Druck bekommen und deshalb nicht durchhärten. Die Zuschnitte sind deshalb stets größer zu nehmen, als den Abmaßen der fertigen Platte entspricht. Die Naturfarbe der Platte bei Phenol- bzw. Kresolharz ist stets bräunlich bis gelblich; durch Farbzusätze zu der Harzlösung kann sie entsprechend anders ausfallen. Gewöhnlich ist sie hochglänzend, kann aber auch mattglänzend und gerauht hergestellt werden. Durch Abziehfurniere kann die Platte mit jeder Holzmaserung versehen werden; ebenso läßt sich durch entsprechend gemusterte Auflegeplatten beim Pressen jede gewünschte Musterung erzeugen.

Die Zuschnitte für Formstücke werden in geheizten Formen aufgeschichtet und dann wie Preßmassen verpreßt und gehärtet. Dabei können z. B. Zahnradblankos mit eingepreßten Naben aus Stahl oder Leichtmetall, Winkel- und Eckstücke u. a. hergestellt werden. Zwecks einwandfreier fester Bindung werden die Metallnaben am Umfang grob verzahnt oder kordeliert.

Hartpapierrohre werden auf Wickelmaschinen hergestellt. Runde Rohre werden noch einmal mit Kunstharzlack lackiert und nachgefärbt. Formrohre werden gewickelt, nicht ausgehärtet und nach dem Lackieren in Formen gepreßt und gehärtet. Hartgewebeʼrohre werden aus getränkten und vorgetrockneten Gewebebahnen auf geheizte Wickeldornen gewickelt, dabei vorgehärtet; nachlackiert und fertig gehärtet. Formrohre werden wie bei den Hartpapierrohren hergestellt. Volle Wickelkörper werden aus getränkten und vorgetrockneten Papier- und Gewebebahnen gewickelt und in Formen nachgepreßt und gehärtet.

Bei den mit Karbamidharzen hergestellten Schichtplatten wird nur Papier benutzt. Das Papier quillt beim Tränken auf; bei dem nachfolgenden Pressen wird die Papierfaser umgewandelt und bildet mit dem Harz einen Verbundkörper. Die Karbamidharzplatten lassen sich in allen gewünschten Farben — auch sehr empfindlichen — herstellen. Ferner kann bei ihnen ein mit besonderer Druckfarbe zur Verhinderung des Ausbleichens der Farbe bedruckter karbamidharzgetränkter Papierbogen eingelegt und mit der Platte verpreßt werden. Es lassen sich so Schilder, Plakate, Karten u. ä. herstellen.

Zur Herstellung der Verbundplatten werden Hartpapier- bzw. Hartgewebeplatten mit Metallplatten, Sperrholzplatten, Asbestschiefer u. a. verpreßt; die Verbundplatte erhält auf diese Weise die feste Bindung der einzelnen Schichten. Selbstverständlich können fertiggepreßte Hartpapier-, Hartgewebe- und Karbamidharzplatten mit Kasein-Kaltleim, Tegofilmen u. a. auf Holz, Faserstoffplatten, Metallbleche u. a. aufgebracht werden. Die Bindung der einzelnen Schichten kann dann naturgemäß nicht so fest und innig sein.

3. Spanende Bearbeitung der Kunstharze und Schichtstoffe.

(Werkzeuge und Arbeitsgeschwindigkeiten.)

Sämtliche Preßlinge aus Schnellpreßmassen und alle Schichtstoffe lassen sich mit spanenden Werkzeugen einwandfrei bearbeiten. Bei den Preßlingen aus Schnellpreßmassen beschränkt sich die spanende Bearbeitung im allgemeinen auf das Entfernen des Preßgrates und das Abschleifen der Gratstellen. Die Entgratung erfolgt von Hand durch Feilen oder durch Schaben. Das Abschleifen wird auf Bandschleifmaschinen mit endlosen Glaspapierbändern mit Bandgeschwindigkeiten von 10 m/s vorgenommen, wobei durch sichere Führung der Preßlinge ein Schiefschleifen unmöglich gemacht sein muß. Kleinere, einfache hartgepreßte Teile können ohne Einbuße an Oberflächenglanz durch ½stündiges Trommeln mit Wildlederabfällen und Kies entgratet werden. Können bei größeren Teilen Schleifscheiben benutzt werden, so sind wegen der sonst zu großen Verschmierung weich gebundene Siliziumkarbidscheiben der Körnung 30—60 mit Schnittgeschwindigkeiten von 25—35 m/s zu verwenden. Sind noch besondere spanende Arbeiten vorzunehmen wie Gewindeschneiden, Nuteneinbringen u. a., so werden am besten Hartmetallwerkzeuge mit hohen Schnittgeschwindigkeiten benutzt. Ist trotz sorgfältigster Pressung in einwandfreien Formen noch ein Nachpolieren erwünscht, so benutzt man dazu eine trockene Flanell-Polierscheibe. Kratzer und Risse und schlecht gepreßte Oberflächen werden in drei Arbeitsgängen poliert: 1. Schleifen auf harten Gewebescheiben mit einem Brei aus feinem Bimssteinmehl und Wasser. 2. Polieren mit weichen Tuchscheiben mit Polierpasten z. B. Wachspasten. 3. Nachglänzen auf trockenen Flanellscheiben ohne Poliermittel. Dabei muß das Arbeitsstück dauernd bewegt werden; der Andruck darf nur leicht sein, da sonst infolge örtlicher Überhitzungen blinde Stellen auftreten. Das Nachpolieren kann stets nur als Notbehelf bei fehlerhaften Pressungen angesehen werden, da durch den ersten Arbeitsgang die Oberfläche angegriffen wird und die Wachspaste nur eine vorübergehend haltbare Hochglanzpolitur zu erzeugen vermag. Bei den Schichtstoffen werden stets in großem Umfange spanende Nacharbeiten vorzunehmen sein. Die Zahlentafel 19 gibt Richtwerte für Arbeitsgeschwindigkeiten an. Grundsätzlich ist bei allen spanenden Arbeiten auf einwandfrei geformtes und einwandfrei scharfes Werkzeug ganz besonders zu achten. Es wird fast immer trocken gearbeitet; auf gute Abführung der Späne ist bei der Form des Werkzeugs besonders zu achten; die anfallenden feinen Späne und Staub sind durch geeignete Abzugsvorrichtungen zu entfernen. Wasser darf als Kühlmittel niemals benutzt werden; allenfalls kommt Druckluft in Frage und beim Gewindeschneiden und Fräsen Bienenwachs. Die Werkzeuge werden stets aus Schnellstahl angefertigt bzw. aus Naturstahl mit aufgelöteten Hartmetallschneiden. Zu den einzelnen Arbeitsvorgängen und Werkzeugen ist noch folgendes festzuhalten: **Drehen:** Der Freiwinkel oder Anstellwinkel soll bei Schnellstahl 6°, bei Hartmetallschneiden 4° betragen; der Brustwinkel soll bei Schnellstahl und bei Hartmetallschneiden 25—30°; der Spanabgangswinkel zweckmäßig 60° sein. Bei dünnen Schichtstoffplatten soll der zu bearbeitende Werkstoff zwischen Deckplatten eingespannt werden. **Fräsen:** Beim Fräsen, vor allen Dingen beim Zahnradfräsen, muß stets auf der Auslaufseite des Werkzeugs eine aus Hartholz, Messing oder Stahl bestehende Unterlage fest gegengespannt werden, um ein Ausbrechen des Werkstoffrandes zu verhüten. Die Fräserform entspricht etwa der Form der Leichtmetallfräser (s. Abb. 25 bei Werkzeugen für Leichtmetallbearbeitung).

Zahlentafel 19. Arbeitsgeschwindigkeiten für die Bearbeitung von Schichtstoffen.

Bearbeitung		Werkstoffe						Bemerkungen
		Phenol- bzw. Kresolharz-Schichtstoffe				Karbamidharz-Platten		
		Hartpapiere Schnittgeschwindigkeit m/min	(Platten und Formlinge) Vorschub mm/Umdrehung	Hartgewebe Schnittgeschwindigkeit m/min	(Platten und Formlinge) Vorschub mm/Umdrehung	Schnittgeschwindigkeit m/min	Vorschub mm/Umdrehung	
Drehen	Schruppen	25—50 (50—80)	0,15—0,3 (0,18—0,35)	50—100 (100—175)	0,3—0,5 (0,4—0,6)	30—50 (50—80)	0,3—0,5 (0,18—0,35)	( ) Klammerwerte bei Widiawerkzeugen; bei Naturstahlwerkzeugen ist jeweils 50% der Werte einzusetzen.
	Schlichten	25—50 (50—80)	0,05—0,1 (0,04—0,08)	50—100 (100—200)	0,1—0,2 (0,08—0,15)	30—50 (50—80)	0,1—0,2 (0,04—0,08)	
Fräsen	Flächen Nuten	20—30 (30—45)	0,1—0,3 (0,05—0,4)	40—60 (40—90)	0,05—0,40 (0,05—0,45)	20—30 (30—40)	0,1—0,3 (0,05—0,4)	( ) Klammerwerte bei Widiawerkzeugen.
	Zähne	10—18	0,2—0,35 Tischumdrehung	20—35	0,4—0,8 je Tischumdrehung			
Bohren		15—20 (25—30)	0,05—0,30 je nach Lochdurchmesser (0,05—0,20)	40 (40—70)	0,1—0,4 je nach Lochdurchmesser (0,05—0,20)	15—20 (25—30)	0,05—0,30 je nach Lochdurchmesser (0,05—0,20)	Bei größeren Bohrtiefen Ausblasen der Späne während des Bohrens mit Druckluft. ( ) Klammerwerte für Widiawerkzeuge. Nur bis 25 mm Lochdurchmesser.
Senken		10—18 (10—28)		30—40 (25—55)		10—18 (20—28)		
Gewindeschneiden		30—50		60—100		—	—	Fräsen wegen größerer Sauberkeit des Gewindes vorzuziehen; bei Strehlern und Bohrern ∼50% der Werte einsetzen; Schmierung mit Bienenwachs.
Sägen	Bandsägen	1600—2000	von Hand	1800—2400	von Hand	1600—2000	von Hand	
	Kreissägen	2000—2500	von Hand	2200—3000	von Hand	2000—2500	von Hand	

Bohren: Es sind Bohrer mit einem Spitzenschliff von 60—65° bzw. 80 bis 90°, mit weitausgearbeiteten steilgängigen Spiralnuten zu benutzen. Löcher über 20 mm Durchmesser werden stets mit Kreisschneidern oder Zapfenbohrern gebohrt, deren Zapfen sich in vorgebohrten Löchern gut führen muß. Da die Bohrungen etwas zusammengehen, ist der Bohrerdurchmesser bis zu 0,05 mm größer als der Lochdurchmesser zu wählen. Bei der Verwendung von Hartmetallschneiden muß zur Vermeidung unnötiger Reibung der Bohrerschaft hinterschliffen werden. Es ist stets mit einer festeingespannten Gegenlage zu arbeiten, die mit angebohrt wird, um ein Ausbröckeln an der Austrittseite des Bohrers zu verhindern. Dies ist besonders zu beachten bei Hartpapier- und Karbamidharzplatten. **Senken:** Benutzt werden gewöhnlich zweischneidige Senker mit Hartmetallschneiden. **Gewindeschneiden:** Da Fräser ein saubereres Gewinde ergeben, als Bohrer oder Strehler, werden sie bevorzugt. **Sägen:** Die Zähne der Sägen dürfen nicht geschränkt, sondern müssen stark hinterschliffen sein, um sauberen Schnitt zu ergeben. Die Blattstärke soll mindestens 2 mm betragen. Die Schnittstellen sind nachzuschleifen und mit gutem Öl abzureiben. Für sehr dünnwandige Ziehprofile bzw. Strangpreßprofile werden Elfenbeinsägen mit einem Durchmesser von etwa 120 mm, 0,5 mm Stärke, 0,75 mm Schränkung und 4 mm Spitzenabstand benutzt; Drehzahl 2000. Der Vorschub ist beim Sägen gefühlsmäßig zu führen; um Ausspringen der Kanten zu vermeiden, muß er beim Durchschnitt verringert werden.

In letzter Zeit werden Werkzeuge aus Hartporzellan, die auf der Heschomasse aufgebaut sind, zur Bearbeitung von Kunst- und Preßstoffen benutzt als Drehmeißel, Fräser, Senker, Bohrer und Sägen. Die Arbeitsgeschwindigkeiten können wie bei Hartmetallwerkzeugen gewählt werden; die erreichte Oberflächengüte ist durchaus gut.

4. Die Oberflächenbehandlung und die Verbindungsarbeiten bei Kunstharzen und Schichtstoffen.

Die aus Kunstharzen hergestellten Preßlinge und Schichtstoffe werden im allgemeinen keine Nachbehandlung ihrer Oberflächen erfordern. Durch entsprechend sorgfältig hochglanzpolierte Formen erhalten die Preßlinge, durch Verpressen zwischen hochglanzpolierten Nickel- bzw. Aluminiumblechen die Schichtstoffe einen natürlichen und dauerhaften Hochglanz. Höchstens wird bei Preßlingen ein Nachglänzen mit weichen Schwabbelscheiben aus Tuch ohne oder mit Polierpasten (Wachspasten) vorgenommen. Die hochentwickelte Preßtechnik gestattet in Verbindung mit der Technik der Herstellung und Mischung der Schnellpreßmassen eine fast unendlich große Zahl von Farbtönungen herzustellen, so daß allen Ansprüchen genügt werden kann. Ebenso lassen sich bei Schichtstoffen mattglänzende oder gemusterte Oberflächen herstellen durch

Verpressen zwischen mattglänzenden oder gemusterten Nickel- bzw. Aluminiumblechen. Selbstverständlich läßt sich dies auch durch eine entsprechende Schleif- oder Polierbehandlung erreichen. Beschriftungen oder Färbungen können durch besondere Tuschen oder Farben bei Preßlingen und Schichtstoffen ohne weiteres aufgebracht werden. Nach einem neuen Verfahren — Metallplastik der Langbein-Pfanhauserwerke — können Preßlinge aus Phenol-Kunstharz mit galvanischen Überzügen versehen werden, die nach entsprechender Behandlung dem Gegenstand völlig das Aussehen z. B. eines Altsilber-Schmuckstückes geben. Für Gebrauchsgegenstände, z. B. Aschenschalen, wird durch den Metallüberzug nicht nur das Aussehen, sondern auch die Glutbeständigkeit beträchtlich verbessert. Eingepreßte Metallintarsien lassen sich hinterher nachpolieren oder oxydieren. Abziehbilder sind ebenfalls bequem aufzubringen, ebenso Lackierungen mit den auch sonst üblichen Lacken. Ferner lassen sich Metallfolien mit Kunstharzleimen bzw. Kaltleimen auf Preßlinge und Schichtstoffe aufkleben. Auf die besondere Technik bei den Karbamidharzplatten wurde bei dem Abschnitt „Schichtstoffe" hingewiesen. Holzmaserungen werden durch Abzieh-Furniere hergestellt.

Die Verbindungsarbeiten bei Preßlingen werden fast immer durch Verschraubung vorgenommen. Je nach der an die Verbindung zu stellenden Festigkeit kann die Verschraubung unmittelbar in die Preßlinge eingepreßt oder durch besondere Schrauben bewirkt werden. Ein neuartiges Nietverfahren, besser Bördelverfahren, ermöglicht das sichere und schnelle Einbringen von Metallteilen, z. B. Kontaktstücke u. a. in Schichtstoffteile und Kunstharzpreßlinge. Dabei wird neben durchaus fester Verbindung des Metallteils mit dem Kunststoff dieser geschont, so daß keine schädlichen Zusatzspannungen oder Anbrüche auftreten können. Schichtstoffe lassen sich durch Verschrauben, Aufkleben mit Kunstharzleimen oder Kaltleimen mit Schichtstoffen oder einer anderen Unterlage verbinden. Außerdem können sie sofort bei der Herstellung mit den anderen Stoffen als Verbundplatte hergestellt werden (siehe Schichtstoffe). Neuartige Kunstharzkitte bzw. Leime gestatten auch eine einwandfreie Verbindung von Preßlingen oder Schichtstoffen untereinander oder mit anderen Werkstoffen, ausgenommen Leder und Hartgummi.

5. Lager aus Kunstharz.

Zur Anfertigung von Lagern aus Kunstharz werden mit Phenol bzw. Kresol-Kunstharzen hergestellte Schichtstoffe (Hartgewebe) oder Preßmassen benutzt. Es kommen zwei Grundformen der Lager in Frage (s. Abb. 60 u. 61): geschichtete Lager aus Schichtstoffen und regellos geschichtete Lager aus Preßmassen, und zwar a) Leinenschitzelmassen, b) Phenol (Kresol) = Harz-Schnellpreßmassen mit besonderen Füllstoffen, sog. harte Preßmassen. Die geschichteten Lager werden entweder aus der entsprechend starken Schichtplatte spanend herausgearbeitet oder aus zurechtgeschnittenen getränkten Hartgewebebahnen in Form gepreßt, oder sie bilden Abschnitte von gewickelten und nachgepreßten Hartgeweberohren. Die regellos geschichteten Lager werden stets in Form gepreßt. Außer den massiven Lagern werden noch Lager mit Futterstücken aus Schichtstoff benutzt in ähnlicher Bauart wie die Stablager aus Weichgummi (s. Abb. 74b bei Gummi). In allen Fällen müssen die Kunstharzlager und Kunstharzlagerbüchsen in Stützschalen, Einbaustücke oder Rahmen mit gutem Paßsitz eingebaut sein mit Rücksicht auf die geringe Biegungsfestigkeit der Kunstharze und zur Erhöhung der Lebensdauer. Die Schalenstärke soll nicht unter 5 mm heruntergehen. Das Lagerspiel soll etwa 50% größer sein als das von Metall-Lagern gleicher Ausführung. Bearbeitung wie bei den Schichtstoffen

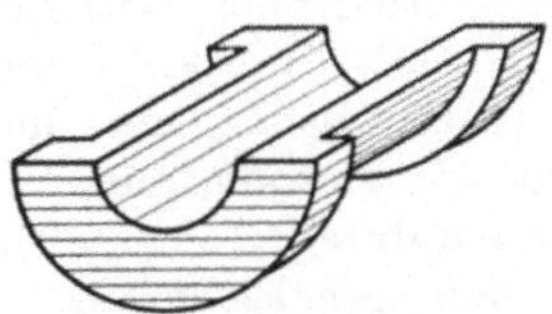

a) Parallel geschichtete Lager.

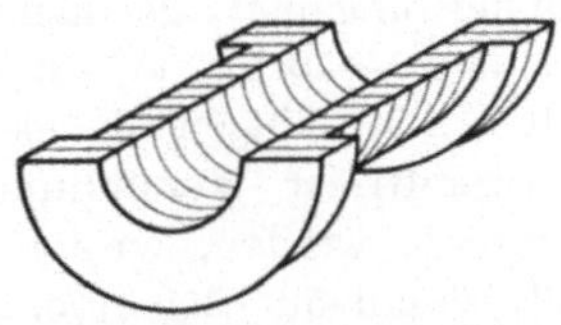

b) Senkrecht geschichtete Lager.

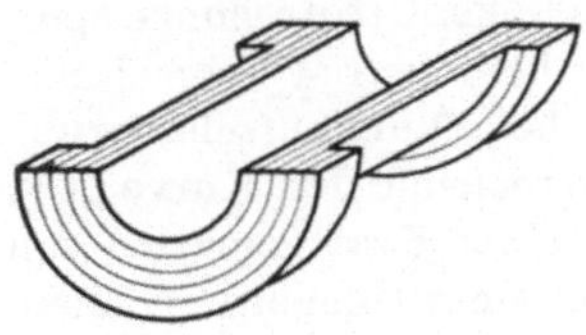

c) Radial geschichtete Lager.
Abb. 60. Lager aus Schichtstoffen.

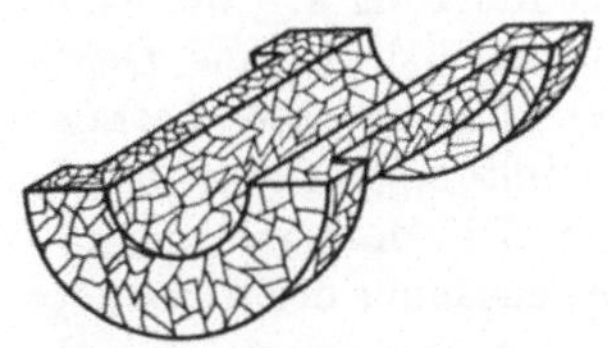

Abb. 61. Kunstharzlager regellos geschichtet, gepreßt aus Preßmassen.

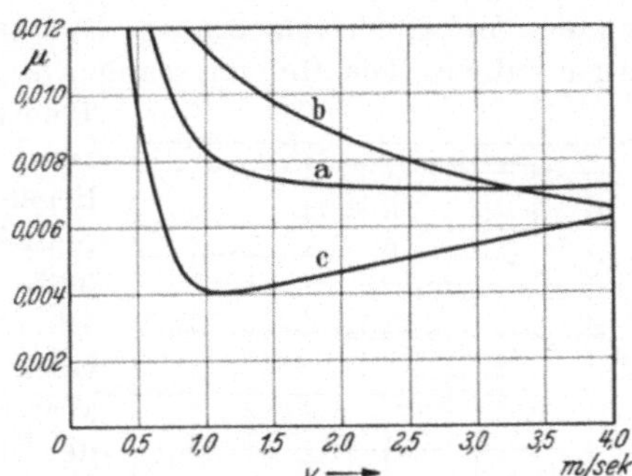

Abb. 62. Reibungswerte für Kunstharzlager bei verschiedener Belastung und Schmierung.

a Lagerschale mit reiner Wasserschmierung, $p = 35\ kg/cm^2$.
b Lagerschale mit reiner Wasserschmierung, $p = 70\ kg/cm^2$.
c Bronze-Sellerslager mit Ringöler und Gasölschmierung, $p = 25\ kg/cm^2$.
(Nach Versuchen der AEG.)

mit stets einwandfrei scharfen Werkzeugen; Hartmetall- oder Diamantwerkzeuge sind dazu besonders geeignet. Scharfe Kanten sind wegen der hohen Kerbempfindlichkeit der Kunstharze zu vermeiden. Der kleinste Abrundungshalbmesser soll 2—3 mal Wandstärke sein. Die Lageroberfläche muß vollkommen einwandfrei glatt, die Zapfenoberfläche am besten poliert sein; der

Zapfen soll gehärtet und nachverdichtet sein. Zur Schmierung kann gutes säure- und alkalifreies Öl, Wasser mit 10% Zusatz eines gut emulgierenden Öls oder Fettes dienen. Tragende Lagerteile dürfen keine Schmiernuten erhalten wegen der Gefahr des Aufblätterns der Schichtstoffe und des Abblätterns des gepreßten Lagers. Mit Rücksicht auf die schlechte Wärmeleitfähigkeit der Kunstharze muß für einwandfreie Abführung der Wärme durch Kühltaschen u. ä. gesorgt werden; gegebenenfalls ist Ölkühlung bzw. Zapfenkühlung vorzusehen. Für die Bemessung der Lagerfläche kann mit $p \cdot v = 20$—50 kg/cm² . m/s gerechnet werden. Die Flächendrücke können bei einwandfreier Herstellung und einwandfreiem Einbau bis auf 500 kg/cm² angesetzt werden, entsprechend $v = 1$ m/s Umfangsgeschwindigkeit; gewöhnlich ist mit 50—250 kg/cm² zu rechnen. Bei Büchsenlagern aus Hartgewebe-Rohren sind 60—75% dieser Werte zu wählen. Die Reibungszahlen (s. Abb. 62, 63) sind trotz hoher spez. Belastung auch bei reiner Wasserschmierung günstig; bei Ölumlaufschmierung liegen sie entsprechend der Kurve „C“. Man kann mit einer Kraftersparnis von 30% gegenüber Metall-Lagern rechnen. Über das günstige Verhalten auch bei trockener Reibung nach Abstellung der Wasserschmierung und nach Abstellen der Öl-Umlaufschmierung s. Abb. 64, 65. Die Lagertemperatur darf ohne Gefahr für das Lager bis zu 100° betragen (günstigste Mitteltemperaturen 50 bis 75°), für kurze Zeit darf sie auf 150° steigen. Die Lebensdauer des Kunstharzlagers beträgt bis zur zehnfachen des Metall-Lagers und bis zur fünffachen des Pockholzlagers, so daß der höhere Anschaffungspreis gegenüber Metall-Lagern durchaus wirtschaftlich tragbar ist. Die Kraft- und Schmierkosten — rd. 30% Kraft und rd. 40% Schmiermittel — sind bedeutend geringer. Bezügl. Gestaltung sind in der Druckschrift des Fachausschusses für konstruktive Lagerfragen beim VDI. richtungweisende Angaben gemacht worden. Zudem ist bei Festfahren (Festbrennen) durch

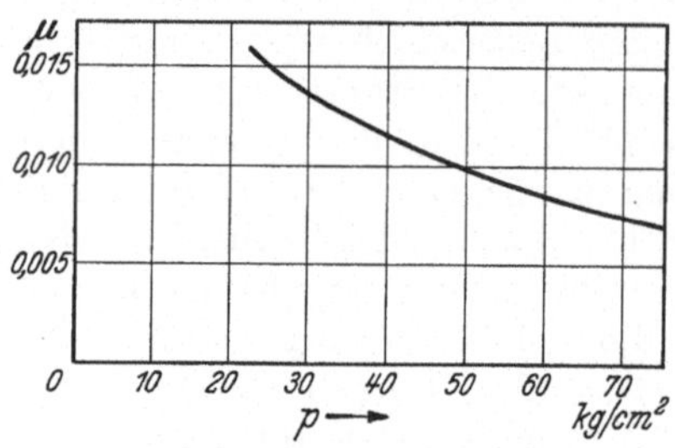

Abb. 63. Anlaufreibung von Kunstharzlagern bei verschiedener Belastung. (Nach Versuchen der AEG.)

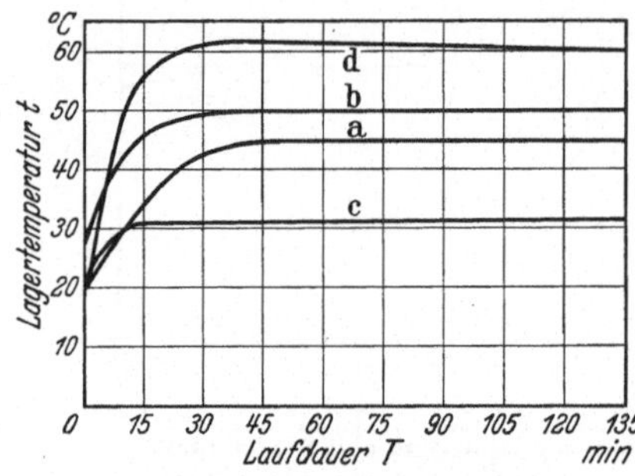

Abb. 64. Laufzeiten von Kunstharzlagern unter verschiedenen Betriebsverhältnissen.
a Ölumlaufschmierung, $pv = 36$ kgm/s.
b „ $pv = 54$ kgm/s.
c reine Wasserumlaufschmierung, $pv = 18$ kgm/s.
d reine Wasserumlaufschmierung, $pv = 54$ kgm/s.
(Nach Versuchen der AEG.)

Nachschaben oder Nachdrehen das Lager wieder betriebsfähig zu machen. Kunstharzlager eignen sich vor allen Dingen für staubige und rauhe Betriebe, z. B. Steinbrüche, keramische Fabriken, Braunkohlentagebau, Steinkohlenbergbau, ferner für Walzwerke und für alle Betriebe, bei denen die Überwachung

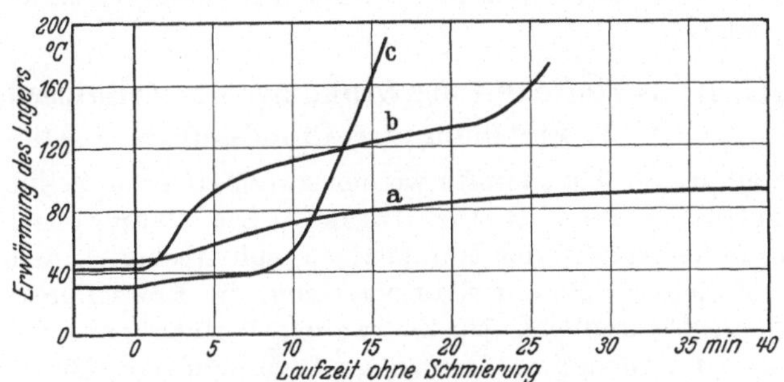

Abb. 65. Lagerschale aus Novotext bei aussetzender Schmierung.
Nach Abstellung der Mineralöl-Umlaufschmierung pv = 18 mkg/s.
Nach Abstellung der Mineralöl-Umlaufschmierung pv = 36 mkg/s.
Nach Abstellung der reinen Wasser-Umlaufschmierung, pv = 18 mkg/s.
(Nach Versuchen der AEG.)

und Wartung der üblichen Metall-Lager sehr kostspielig und umständlich bzw. ganz unmöglich sein würde. Mit gutem Erfolge sind sie bereits bei mäßigen Lagerdrücken und Öl-Umlaufschmierung für Drehzahlen bis zu 2000/min benutzt worden. Der Einbau für Rennwagen ist in Vorbereitung.

6. Zulässige Beanspruchungen der Kunstharze und Schichtstoffe.

Die in der Typisierung der „gummifreien Isolierpreßstoffe“ und im Normblatt festgelegten Festigkeitswerte entsprechen in allen Fällen den an den fertigen Teilen festgestellten Werten; sie werden heute, wie früher bereits gesagt, stets überschritten. Sie genügen auch stets den an das Stück gestellten Ansprüchen in bezug auf mechanische Festigkeit. Die sonst für die Gestaltung richtungweisenden „zulässigen“ Beanspruchungen kommen für die Kunstharzpreßlinge nicht in Frage, da bei ihnen andere Eigenschaften im Vordergrund stehen, z. B. Isolationsfähigkeit, Oberflächengüte, Korrosionsbeständigkeit. Dagegen kommen für die im Maschinenbau und der Elektrotechnik in allen Herstellungsformen als Zahnräder, Kolben, Rohre, Buchsen, Muttern und Lager viel benutzten Schichtstoffe die zulässigen Beanspruchungen in Frage (Grundfestigkeit s. Normblatt, Zahlentafel 17). Für Schrauben darf gerechnet werden: a) mit 350—500 kg/cm² Belastung entsprechend einer Grundfestigkeit von 735/740 kg/cm² des gewickelten Feingewebekörpers; b) mit 300—450 kg/cm² Belastung entsprechend einer Grundfestigkeit von 735/740 kg/cm² des Feingeweberohres; c) in beiden Fällen mit einer Flächenpressung von 130—170 kg/cm². Für Zahnräder wird nach den auch sonst üblichen Formeln gerechnet; es darf gesetzt werden: c = 6—50 kg/cm² je nach Umfangsgeschwindigkeit. Die Hersteller von Schichtstoffplatten und Formlingen für Zahnräder haben sehr übersichtliche Berechnungstafeln für Zahnräder herausgegeben, die mit Vorteil zu benutzen sind.

III. Kunststoffe auf der Grundlage der Zellulosen.

1. Einteilung der Grundstoffe.

Zur Herstellung der Kunststoffe werden zwei Arten von Zellulose benutzt: Baumwollzellulose und Holzzellulose. Die Baumwollzellulose wird aus den Linters hergestellt, den kurzfasrigen, spinntechnisch nicht mehr verwendbaren Abfällen der Baumwollaufbereitung, die Holzzellulose heute noch ausschließlich aus Fichtenholz. Zur Zeit werden Verfahren ausprobiert, um aus dem in genügender Menge in Deutschland vorhandenen Buchenholz Holzzellulose herzustellen. Beide Zellulosearten sind technisch rein und verwertbar. Für die Herstellung plastischer Massen werden benutzt: Nitrozellulose, Azetylzellulose, Zellulose-Xanthogenat, Zellulose-Äther, Hydrat-Zellulose. Zur Herstellung der Nitrozellulose werden gebleichte Baumwoll-Linters oder Holzzellulose benutzt, die in schmiedeeisernen Behältern mit einem Gemisch aus Salpetersäure und Schwefelsäure behandelt (nitriert) werden. Nach sorgfältigem Ausschleudern in Zentrifugen mit nachfolgendem Waschen und Kochen zwecks Entfernung aller Säurereste und aller die Haltbarkeit der Nitrozellulose stark herabsetzenden meta-stabilen Verbindungen, ist die Nitrozellulose gebrauchsfertig; häufig wird sie noch gebleicht und bis zu einem gewissen Wassergehalt, der ihre gefahrlose Handhabung gewährleistet, ausgeschleudert. Sie entfällt als fasrige Masse. Häufig werden Gemenge von Nitrozellulosen benutzt mit rd. 10,5—10,8% mittlerem Stickstoffgehalt. Zur Herstellung der Azetylzellulose werden nur Baumwoll-Linters benutzt. Diese werden mit einem Gemisch von Essigsäureanhydrid und Eisessig bei stetigem Umrühren mit konzentrierter Schwefelsäure behandelt und dadurch in die chloroformlösliche Form der Zellulose übergeführt; durch Nachbehandeln des Filtrats mit Mineralsäuren erhält man beim Ausfällen mit Wasser die azetonlösliche Zellulose: das Hydrozelluloseazetat oder Azetylzellulose als körnige Masse. Zur Herstellung des Zellulose-Xanthogenats wird Holzzellulose mit Natronlauge und Schwefelkohlenstoff behandelt. Es entsteht der Xanthogensäureester der Zellulose als dunkelfarbiger, wasserlöslicher, syrupähnlicher Stoff, die Viskose. Zur Herstellung der Zellulose-Äthers wird Zellulose mit Äthylchlorid oder Benzylchlorid behandelt. Dabei entstehen die Zellulose-Äther in gelatinöser Form: Benzylzellulose bzw. Äthylzellulose. Reine Zellulose pergamentiert bei Behandlung mit Chlorzinklauge und geht in Hydratzellulose über (näheres

Zahlentafel 20. Plastische Massen aus Zellulose.

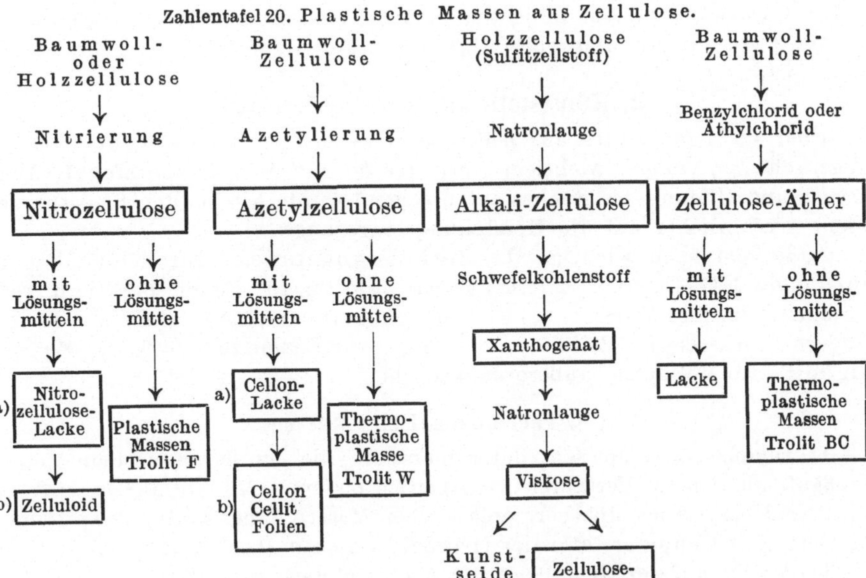

Zahlentafel 21. Eigenschaften einiger wichtiger Kunststoffe aus Zellulosederivaten.

	Zelluloid (Nitrozellulose)	Cellon (Azetylzellulose)	Thermoplast. Massen: Trolit W (Azetylzellulose) Preßlinge	Profile, Rohre, Platten aus Trolit W	Vulkanfiber (Hydratzellulose, Marke Dynos)
Spez. Gewicht	1,38	1,30	1,4	1,8	1,1—1,45
Zugfestigkeit kg/cm^2 [1]	600—700[1]	rd. 500[1]	300—400	mind. 250	800—1000 i. Längsr. 500—800 i. Querricht.
Dehnung[1]	3—8[1]	2—7[1]	5—9	3—7	—
Biegefestigkeit kg/cm^2 [1]	600[1]	rd. 550[1]	550	mind. 300	800—1300
Schlagbiegefestigkeit $cmkg/cm^2$ [1]	100—200	100—200	30	mind. 4,0	120—190
Wärmebeständigkeit nach Martens	rd. 40°	rd. 35°	40°	40°	70—90°
Glutsicherheit (Glutfestigkeit)	0	0	1	2	3
Oberflächenwiderstand M. O.	175 000	150 000	300 000	1 000 000	—
Verlustwinkel t/g	0,025	0,045	0,028	0,03—0,035	—
Durchschlagsfestigkeit KV/mm	30	30	45	45	3
Brinellhärte kg/cm^2 [1]	600—640	500—550	350	400	800—1400

[1] Ermittelt bei + 20° am Normalstab 10 × 15 × 120 mm.

s. bei Vulkanfiber). Am billigsten in der Herstellung ist die Nitrozellulose; diese ist die älteste und weitverbreitetste Form der Zellulosen für Kunststoffe usw.

2. Kunststoffe aus Zellulosederivaten.

Über die Kunststoffe aus Zellulosederivaten (s. Zahlentafel 20); über die Eigenschaften einiger wichtiger Vertreter derselben s. Zahlentafel 21. Dem Zweck und Umfang des Buches entsprechend wurde wie bei den Kunstharzen nicht ausführlicher auf die Herstellung eingegangen.

Außerdem noch wichtig: 1. Berechnungsindex: für Zelluloid 1,50; für Cellon 1,47—1,50. 2. Lichtbeständigkeit: für Cellon praktisch vollkommen lichtbeständig. 3. Feuchtigkeitsaufnahme: (bei rd. 24 std. Lagern in Wasser) für Zelluloid rd. 1,25%; für Cellon rd. 3,00%. 4. Feuchtigkeit: für Cellophan außerordentlich hoch.

3. Thermoplastische Massen.

Thermoplastische Massen sind Kunststoffe, die sich durch ein dem Metallpreßguß ähnlichem Verfahren verarbeiten lassen. Das Verfahren wird als Spritzguß bezeichnet, die thermoplastischen Massen daher häufig als spritzbare Massen. Die Hauptvertreter der thermoplastischen Massen sind:

Trolit W auf der Grundlage von Azetylzellulose (s. Zellulosen),
Trolit BC auf der Grundlage von Benzylzellulose (s. Zellulosen),
Trolitul auf der Grundlage von Polystyrol (s. Kohlenwasserstoffe),
Mipolam auf der Grundlage von polymerisierten Vinylverbindungen (s. Kohlenwasserstoffe),
Plexigum, Stabol } auf der Grundlage von Polyakrylsäureester (s. Kohlenwasserstoffe),
Luvican auf der Grundlage eines Vinyl-Polymerisats (s. Kohlenwasserstoffe.

Die Herstellung der thermoplastischen Massen erfolgt wie bei den Schnellpreßmassen durch inniges Vermengen und Vermahlen der Grundstoffe mit Farbstoffen, Flußmitteln und Füllstoffen. Während das Hydro-Zelluloseacetat stets als Preßmasse verarbeitet wird, können Polystyrol, Plexigum, Stabol, Mipolam als reine Polymerisationsprodukte bzw. Mischpolymerisationsprodukte verarbeitet werden. Da die Grundstoffe durchaus lichtbeständig sind, lassen sich alle gewünschten Farbtönungen herstellen. Ebenso sind Marmorierungen und Musterungen durch Vermischen entsprechend gefärbter Preßmassen möglich. Die thermoplastischen Massen werden bei 125—195° — Temperaturen verschieden für die einzelnen Massen — teigflüssig und können unter sehr hohen spezifischen Drücken in kalte Formen gepreßt bzw. gespritzt werden. Dabei ist auf genaue Einhaltung der Temperatur besonders zu achten, da eine Überhitzung stets zu Zersetzungen und damit Unbrauchbarwerden des Endproduktes führt.

In den Formen erstarren sie sofort, werden fest, härten aber im Gegensatz zu den Kunstharzen nicht durch. Die daraus hergestellten Teile besitzen geringere Härte, aber größere Biegsamkeit als die aus Kunstharz hergestellten Teile. Die Formen werden nach denselben Grundsätzen hergestellt, wie bei den Kunstharzen. Einbettung von Metallteilen ist auch hier möglich. Als Formbaustoffe kommen nur legierte Stähle in Frage, da alle thermoplastischen Massen gewöhnliche Stähle stark angreifen. Eine charakteristische Form, als Mehrfachform ausgebildet, zeigt Abb. 66.

Abb. 66. 10fach für Tubenverschlüsse. (Braun A.-G., Zerbst.)

Die Formen sind nicht beheizt, häufig sogar gekühlt. Das Öffnen und Schließen der Form und das Auswerfen der Teile erfolgt bei kleinen Stückgewichten durch handbetätigte Kniehebel, bei größeren Stückgewichten von selbst durch vom Antriebsmotor der Maschine gesteuerte Getriebe. Die Verformungsdrücke sind sehr hoch — 600 bis 2000 kg/cm^2 je cm^2 der Formenoberfläche. Die Verarbeitung der thermoplastischen Massen geschieht auf Spritzmaschinen mit

Abb. 67. Isoma-Spritzautomat zur Verarbeitung von thermoplastischen Massen. Antrieb: elektrisch; Betrieb: vollautomatisch. (Braun A.-G., Zerbst.)

Antrieb durch Druckluft oder mit Antrieb durch elektrisch betätigte Getriebe (Abb. 67). Für den sparsamen Gebrauch der Preßmassen besitzen alle Maschinen Dosiervorrichtungen. Das Anwärmen erfolgt immer durch elektrisch beheizte Heizzylinder. Dabei ist auf vollkommen gleichmäßige Durchwärmung der Massen besonders peinlich zu achten; andernfalls ergeben sich unvollkommene Preßlinge und bei empfindlichen Farben Schlierenbildungen.

Aus beiden Massen lassen sich durch Strangpressen Rohre und Profile beliebigen Querschnitts bis zu Längen von 2 m herstellen.

Die spanende Verformung der aus den Massen hergestellten Teile geschieht mit denselben Werkzeugen und unter den gleichen Bedingungen wie bei den Kunstharzen und Schichtstoffen. Ein Beprägen ist nach Anwärmen der Teile auf 80—90° in Ölbädern ohne weiteres möglich, ebenso ein nachträgliches

Abb. 68. Teile aus thermoplastischen Massen.

Beschriften oder Bedrucken mit besonderen Farben. Das Polieren kann durch Vorpolieren mit Polierpasten auf Köper- oder Nesselscheiben, das Fertigpolieren auf Stoffscheiben ohne Polierpaste erfolgen. Zum Verkitten einzelner Teile kann Azeton oder ein Kunstharzleim oder ein besonderes Klebemittel benutzt werden. Die aus den thermoplastischen Massen hergestellten Teile werden vorwiegend in der Schmuck- und Verbrauchsgütertechnik, in der Verpackungs- und Spielzeugindustrie, in der optischen Industrie, in der Galanterie- und Geschenkwarenindustrie, in der Schwachstromtechnik, im Apparatebau und neuestens für hygienische Artikel verwendet. Sie besitzen genügende mechanische Festigkeit, genügende chemische Beständigkeit, bequeme Bearbeitbarkeit, gute Isolationsfähigkeit, farb- und formschönes Aussehen und gute Lichtbeständigkeit. Sie lassen sich in allen gewünschten Farben und Farbmusterungen herstellen, lassen sich leicht nachpolieren und spanend bearbeiten und mit Azeton oder besonderen Klebemitteln (Cyclohexanon, Methylenchlorid u. ä.) bequem verkitten. Bei richtiger Ausführung hat die Kittstelle die gleiche Festigkeit wie der Grundwerkstoff. Sodann sind sie vollkommen ungiftig und frei von unangenehmem

Nachgeschmack. Ihre Glutbeständigkeit und ihre Warmfestigkeit sind naturgemäß geringer als bei den Kunstharzen, genügen aber für den Verwendungszweck vollständig. Gegenstände aus thermoplastischen Massen zeigt Abb. 68. Sie werden in sehr vielen Fällen die ausgesprochenen Metallverdränger sein.

4. Zellophan, Trolit BC, Vulkanfiber.

a) Zellophan.

Die wässerige Viskoselösung wird mit oder ohne Farbzusatz auf Filmgießmaschinen zu Filmen von 0,020—0,18 mm Stärke vergossen. Diese werden in Fällbädern gehärtet, sorgfältig nachgewaschen, getrocknet und kalandriert. Die Herstellung einwandfreier Zellophanfolien erfordert sehr große Übung und Erfahrung. Es lassen sich aus derselben Viskoselösung auch Schläuche herstellen, die als Ersatz für natürliche Därme benutzt werden können. Ebenso lassen sich Flaschenkapseln als nahtlose Hohlkörper erzeugen.

b) Trolit BC.

Obwohl die Zelluloseäther nach demselben Verfahren wie bei der Herstellung von Zelluloid, Zellon u. ä. verarbeitet werden können, kommen sie wegen ihres hohen Preises nur dann zur Verwendung, wenn eine besondere chemische Beständigkeit von den so erzeugten Folien oder Platten verlangt wird. Hauptsächlich werden sie z. Zt. zur Anfertigung von Lacken benutzt, die entweder allein oder zum Verschneiden von Nitro-Zelluloselacken verwandt werden Außerdem dienen sie noch zur Herstellung der thermoplastischen Masse Trolit BC.

c) Vulkanfiber.

Hochwertiges Hadernpapier, seltener Holzstoffpapier, wird auf Imprägniermaschinen durch ein warmes Chlorzinkbad (75°) hindurchgezogen und gleichmäßig getränkt. Dabei quillt die Faser auf, sie wird gallertartig oder sie pergamentiert und verwandelt sich dabei in Hydrat-Zellulose (einen dem Zellulose-Amyloid ähnlichen Körper). Sofort nach dem Tränken wird die Papierbahn auf dampfbeheizte Zylinder aufgewickelt. Eine Druckwalze verschweißt dabei die einzelnen Papierbahnen zu einer homogenen Masse. Der Zylinder wird dann aufgeschnitten und ergibt eine Platte von entsprechenden Abmessungen. Zur Entfernung der in der rohen Platte vorhandenen Überschußmengen von Chlorzinklauge muß diese sorgfältigst gewaschen werden. Dieser Waschprozeß dauert bei dicken Platten mehrere Wochen. Er muß durchgeführt werden, weil sonst die mechanischen und chemischen Eigenschaften des erzeugten Stoffes — Vulkanfiber — durchaus unbefriedigend sein würden. An das Waschen schließt sich das Trocknen, das Nachpressen und das Nachkalandrieren an.

5. Spanlose Formgebung.

Über die Verarbeitungstechnik der thermoplastischen Massen s. S. 122—124.

Zelluloid und Cellon lassen sich bei höheren Temperaturen unter Druck spanlos verformen. Zelluloid- und Cellonplatten werden in heißem Wasser von 80 bis 85° oder heißem Öl von 120—140° oder auf elektrisch oder mit Dampf beheizten Platten erweicht und können dann auf besonderen Biegemaschinen gebogen oder in kalten Formen geprägt oder in Holz- bzw. Bronzeformen gezogen werden; dabei sind alle scharfen Kanten und Ecken zu vermeiden. Das Pressen der erweichten Werkstoffe geschieht in auf 100—120° erhitzten Formen aus ungehärteten Stahl für gewöhnliche, aus V2A-Stahl für hochwertige Gegenstände unter einem spez. Druck von 200—300 kg/cm². Nach dem Pressen müssen die Preßlinge in der Form unter dem Preßdruck abkühlen, da sonst Verziehungen eintreten. Benutzt werden Schlagradpressen oder hydraulische Pressen in Sonderbauart mit fest eingebauten heiz- und kühlbaren Formen.

Zelluloid und Cellon können noch durch Blasen verformt werden. Als Ausgangswerkstoffe dienen entweder Rohr- oder Plattenabschnitte. Diese werden wie früher durch Erhitzen bildsam gemacht, in die durch Dampf auf rd. 100° geheizte Bronzeform eingelegt und die besetzte Form in die Presse eingeschoben. Nach Schließen der Form wird Dampf bei Zelluloid bzw. vorgewärmte Druckluft bei Cellon in die Form unter 2 atü Druck eingeblasen. Zelluloid und Cellon dehnen sich aus und füllen die feinsten Konturen der Form aus; dabei schweißen die Enden der Plattenabschnitte fest zusammen. Nach beendetem Blasvorgang wird die Form abgekühlt, während der Druck auf der Form bleibt, um ein Zusammenfallen des Preßlings unmöglich zu machen. (Diese Technik ist besonders wichtig für die Puppen- und Spielzeugherstellung.)

Zelluloid und Cellon können ebenso wie Trolit nach dem Strangpreßverfahren zu Profilen und Rohren verarbeitet werden.

Cellon läßt sich ohne große Schwierigkeiten auf Cellon, Papier und Holz aufkleben unter Verwendung geeigneter Lösemittel, z. B. Azeton mit Benzylalkohol und Cellonabfällen. Gearbeitet wird jeweils mit einem Druck von etwa 75 kg/cm² bei Temperaturen von 100—120°. Cellon und Zelluloid können durch Überziehen auf Holzteile aufgebracht werden, wobei mit einem geeigneten Lösungsmittel 2—3 Stunden erweicht wird, und hinterher mit denselben Drücken und Temperaturen wie vor die Verbindung erfolgt. Ferner läßt sich Cellon in Tauch- und Beizbädern beizen und durch Aufspritzen von Zaponlacken entsprechend färben. Das Beschreiben von Cellon ist mit Spezialtuschen und das Bedrucken mit Spezialfarben, allerdings mit größeren Schwierigkeiten, möglich. Trolit läßt sich ebenfalls mit Sonderfarben bedrucken und beschriften. Cellon, Zelluloid und Trolit lassen sich mit geeigneten Klebemitteln, z. B. Azeton, einwandfrei verkitten; die Kittstelle hat bei richtiger Ausführung die gleiche

Festigkeit wie der Grundwerkstoff. Trolit läßt sich ferner mit geheizten Prägestempeln ohne weiteres beprägen; Zink- oder Goldfolie können wie bei der Buchbinderei eingebracht werden. Vulkanfiber läßt sich mit Sonderwerkzeuge gut bearbeiten; ebenso können Gewinde angeschnitten werden. Ferner lassen sich dünne Vulkanfiberplatten bis etwa 1,5 mm kalt biegen, drücken und ziehen; stärkere Platten werden vor der Verformung gedämpft oder in kaltem bzw. warmem Wasser eingeweicht.

6. Spanende Formgebung.

Die spanende Formgebung aller dieser Kunststoffe kann mit denselben Werkstoffen und unter denselben Arbeitsbedingungen wie bei den Schichtstoffen vorgenommen werden. Stehen diese Werkzeuge nicht zur Verfügung, so können die gleichen Werkzeuge wie bei der Holz- oder Gummi- oder Hornbearbeitung benutzt werden. Auf stets sauber und scharf geschliffenes Werkzeug, hohe Arbeitsgeschwindigkeiten und einwandfreie Spanabführung und Staubabsaugung ist besonders zu achten. Bei der Bearbeitung mit spanenden Werkzeugen wird gewöhnlich trocken gearbeitet. Beim Drehen und Bohren empfiehlt sich Luftkühlung. Beim Bohren und Gewindeschneiden ist Schmierung durch reines Bienenwachs empfehlenswert. Die Bohrer sollen nach Möglichkeit einen Spitzenwinkel von 60—80° haben. Die Werkzeuge sollen aus Schnellstahl bestehen; die Verwendung von Hartmetall ist mit Rücksicht auf hohe Oberflächengüte und hohe Arbeitsgeschwindigkeiten besonders zu empfehlen. Wie bei allen Kunst- und Preßstoffen sind zu feine Gewinde wegen der hohen Kerbempfindlichkeit zu vermeiden und mittelfeine Gewinde zu bevorzugen. Ferner sollen die früher erwähnten (s. S. 115) keramischen Werkzeuge dafür sehr brauchbar sein.

Polierarbeiten werden sich im allgemeinen auf das Hochglanzpolieren beschränken. Dieses geschieht am besten mit Schwabbelscheiben aus Stoffblättern unter Zuhilfenahme einer geeigneten Polierpaste (Wachspaste). Zum Vorpolieren sind Scheiben aus Köper oder stark angerauhtem Nessel unter Benutzung einer Polierpaste zu empfehlen. Nach- und Fertigpolieren erfolgt ohne Paste. Auf peinlichste Sauberkeit der Scheiben ist besonders zu achten, da sonst die Gegenstände schmierig werden und keinen Hochglanz bekommen.

IV. Kunststoffe auf der Grundlage der Kohlenstoffe.

Im Gegensatz zu den Kunstharzen, die als Kondensationsprodukte anfallen, sind diese Kunststoffe Polymerisationsprodukte. Eine Polymerisation ist die Zusammenlagerung gleich aufgebauter Molekeln zu einem Molekularverband einem Großmolekül; die Kondensation dagegen eine Zerspaltung vorhandener Molekel und die Entstehung neuartiger anders aufgebauter Molekel.

Die Grundstoffe für die derzeit hergestellten und technisch brauchbaren Kunststoffe ist das Azetylen. Dieses entsteht durch die Einwirkung von Wasser auf Kalziumkarbid gemäß der Gleichung:

$$CaC_2 + 2\,H_2O = C_2H_2 + Ca(OH)_2$$

Kalzium Karbid + Wasser = Azetylen + Kalkschlamm.

Da die Grundstoffe für die Kalziumkarbiderzeugung: Steinkohlenkoks und Kalkstein in genügender Menge in Deutschland vorhanden sind, ist die Rohstoffdeckung für absehbare Zeit sichergestellt.

Azetylen ergibt mit Wasser Essigsäurealdehyd, aus diesem entsteht mit Sauerstoff die Essigsäure. Diese liefert nach Entziehung des Wassers Essigsäureanhydrid, das zur Darstellung der Azetylzellulose notwendig ist (s. dort).

Die wichtigsten Ausgangsstoffe für die aus den Kohlenwasserstoffen entwickelten Kunststoffen sind: Vinyl, Styrol und Acryl, gewöhnlich in der polymeren Form als Polyvinyl, Polystyrol und Polyacryl in den Verbindungen Vinylchlorid, Vinylester, Vinyläther, Vinylamin, Vinylbenzol und Acrylsäureester. Diese Stoffe entstehen aus dem Azetylen durch Behandeln mit

Salzsäure . . . . Vinylchlorid,
Fettsäuren . . . . Vinylester,
Alkoholen . . . . Vinyläther,
Aminen . . . . Vinylamine,
Benzol . . . . Vinylbenzol oder Styrol,
Blausäure über Nitrit . . Vinylsäureester bzw. Acrylsäureester.

Außerdem werden sie als Mischpolymerisate benutzt, d. h. polymeren Mischprodukten von ähnlich aufgebauten Verbindungen.

Das Styrol bzw. Polystyrol liefert die thermoplastische Masse Trolitul in drei Abstufungen mit verschiedenen Eigenschaften. Diese wird genau so verarbeitet wie Trolit. Im Gegensatz zum Trolit kann das Trolitul auch ohne Füllstoff verarbeitet werden und liefert glasklare Preßlinge. Außerdem läßt sich Trolitul zu sehr dünnen Folien bis zu 10 μ Stärke herunter verarbeiten, die wegen ihres hohen Isolationswertes in der Schwachstromtechnik eine außerordentlich große Rolle spielen. Ferner läßt sich Trolitul zu Stangen, Rohren und Profilen wie die Trolite nach dem Strangpreßverfahren verarbeiten.

Das Vinyl liefert in der Form der Polyvinylchloride mit verschieden hohen Chlorgehalten gute Kunststoffe, so z. B. die Igelite. In Verbindung mit anderen Polymerisaten liefert es das Mipolam. Dieser Kunststoff kann als thermoplastische Masse und als Preßstoff benutzt werden. Ein besonderes Anwendungsgebiet des Mipolams ist die Anfertigung von Schläuchen und Rohren. Die letzteren gestatten eine außerordentlich einfache und bequeme Verbindung, die entweder durch Verschraubung oder durch Vermuffung hergestellt werden kann.

Die Verschraubung wird bei dickwandigeren Rohren bevorzugt, die Vermuffung bei sehr dünnwandigen Rohren. Die Dichtung der Muffe erfolgt durch eine Lösung von Mipolam in Methylenchlorid. Ferner lassen sich Mipolammassen genau wie Gummi als Spritzstoff zum Umspritzen von Kupfer- und Aluminiumdrähten verwenden. Ihre große Biegsamkeit in Verbindung mit sehr guten Isolationswerten ersetzen die sonst übliche Umspritzung mit Gummi vollkommen.

Durch Pressen lassen sich Hahngehäuse herstellen, die in Verbindung mit eloxierten Kücken aus Aluminium oder Aluminium-Legierungen sehr gute Betriebswerte ergeben.

Die Polyvinylester ergeben durch Verseifung den Polyvinylalkohol, der zur Anfertigung der benzinbeständigen Silberschläuche benutzt wird.

Die Polyvinylchloride dienen zur Anfertigung eines dreischichtigen Sicherheitsglases — des Peka-Glases. Die Anfertigung geschieht derart, daß auf eine sorgfältig geschliffene und gereinigte Glasplatte eine Lösung des Polyvinylchlorids aufgegossen wird, darauf eine zweite ebenfalls sorgfältig geschliffene und gereinigte Glasplatte aufgelegt und die Schichtplatte im Vakuum gepreßt wird. Das so erhaltene Dreischicht-Glas ist durchaus lichtbeständig, der Brechungsindex des Vinylfilms ist genau der gleiche wie der des Glases. Bei stoßartiger Beanspruchung kann kein Zertrümmern mit ausgesprochener Splitterwirkung des Glases eintreten, da der zähe Film die Glassplitter elastisch verbindet.

Die Polyacrylsäureester können durch die verschiedene Führung der Polymerisation in verschiedenen Härtegraden vom weichgummiähnlichen bis zum hartgummiähnlichen Zustand hergestellt werden. Sie werden auch mit dem Sammelnamen „Acrylharze" bezeichnet. Sie ergeben u. a. das Sicherheitsglas — Plexiglas. Dieses ist im Gegensatz zum Pekaglas ein gegossener Einschichtkörper, der ebenfalls durchaus splittersicher ist, lichtbeständig ist und denselben Brechungsindex hat wie gutes Spiegelglas und im Gegensatz zum Pekaglas biegsam ist. Außerdem läßt sich das Plexiglas in allen Farbtönungen herstellen. Gegossene Plexiglaskörper, wie Stäbe, Rohre u. dgl., lassen sich vorzüglich bearbeiten und finden in der Musikinstrumenten-Industrie zur Herstellung von Bockflöten, Mundstücken von Blasinstrumenten u. dgl. sehr viel Verwendung.

Auch zur Imitation von Schmuckstücken läßt sich Plexiglas verwenden.

Die weichgummiähnlichen Massen sind unter dem Sammelnamen Plexigum in verschiedenen Härtegraden verwendbar. Sie können mit oder ohne Füllstoffe wie thermoplastische Massen verarbeitet werden — Sammelname Borrone — oder als Isolationsmassen durch Umspritzen wie Mipolam benutzt werden. In Verbindung mit gewissen Füllstoffen liefern sie lederähnliche Erzeugnisse, die Stabole. Ferner lassen sich die verschiedenen Plexigumsorten in Lösungsmitteln, z. B. Essigester, Benzol und Weichmachungsmitteln zu Lacken verarbeiten; ferner ist Plexigum mit Chlorkautschuk in jedem Verhältnis mischbar.

Eigenschaften einiger wichtiger Kunststoffe aus Kohlenwasserstoffen s. Zahlentafel 22.

Zahlentafel 22. Eigenschaften einiger Kunststoffe aus Kohlenwasserstoffen.

	Trolitul			Mipolam	Akrylharze
	Rein	Trolitul Si	Folien		
Spez. Gewicht	1,05	1,25—1,65	1,05	1,34	1,18
Biegefestigkeit kg/cm²	1100	950—700	600—700	1000	1100
Schlagbiegefestigkeit cmkg/cm²	20	10—5	—	4,50	30
Wärmebeständigkeit nach Martens °C	65°	74—85°	70°	58°	56°
Glutsicherheit (VDE-Gütegrad)	1	1	1	2	1
Innerer Widerstand M. O.	<3000400	<3000400	<3000400	<3000000	< 8000000
Oberflächenwiderstand M. O.	<3000000	<3000000	<3000000	<3000000	<10000000
Verlustwinkel	0,0002	0,00083 bis 0,0014	0,0002	0,0148	0,02—0,06
Durchschlagsfestigkeit kV/mm	50	50	50	30	15

V. Kunststoffe aus Kasein.

Die aus Kasein hergestellten Kunststoffe sind die ältesten technisch brauchbaren und benutzten Massen. Sie werden mit dem Sammelnamen Galalith oder Kunsthorn bezeichnet. Ausgangsstoff ist gut entfettete, möglichst frische Magermilch. Aus ihr wird mit Kälberlab bei 35° die Ausfällung eingeleitet und bei 65° beendet. Der abgeschiedene Quark wird bei 65° unter andauerndem kräftigen Umrühren fest und feinkörnig, abgefiltert und mit kaltem Wasser nachgewaschen. Nach Abpressen und nochmaligem Verrühren mit Wasser, Filtrieren, Waschen und Pressen wird das Rohkasein bei 45—50° getrocknet und gebrochen. Das Kasein wird auf Porzellanwalzenstühlen zu einem feinen Gries gemahlen, mit Füllstoffen Farben und rd. 25% Wasser innigst vermahlen und verknetet. Die Masse wird sofort auf sehr starken Spindelpressen mit auf 70—90° geheizten Mundstücken (Dornen) zu Strängen verpreßt. Diese Stränge werden sofort nach der Herstellung in sehr starken hydraulischen Etagenpressen zwischen Pergamentpapier, Zinnfolien oder polierten Zinkplatten bei 75—90° zu Platten oder zu Profilstäben verpreßt. Dünne Platten können wie bei Zelluloid durch Abschneiden von in großen Blockpressen verpreßten Blöcken hergestellt werden. Nach dem Pressen werden die Platten, Stäbe, Profile u. a. in einem 4—5 proz. Formaldehydbad gehärtet. Die einwandfreie Härtung setzt vollkommene Durchdringung des Teils voraus und dauert von einem Tag bis zu mehreren Monaten. Nach beendeter Härtung wird getrocknet. Die

Härtung dauert wie bei Zelluloid sehr lange; sie muß sehr sorgfältig durchgeführt werden. Zu beachten ist der große Schrumpf (rd. 10%). Nach dem Trocknen wird bei 100° nachgepreßt und gerichtet und unter Druck abgekühlt.

Zur Herstellung einfach aufgebauter Preßlinge werden Profilstäbe oder Plattenabschnitte benutzt. Das Verpressen erfolgt in auf 80—100° geheizten Gesenken unter sehr hohen spez. Drücken. Zur Herstellung verwickelt aufgebauter Preßlinge eignet sich Kasein nicht. Kämme werden durch Ausstanzen aus entsprechend dicken Platten hergestellt und in Formen nur nachgepreßt. Die Nachbehandlung der Preßlinge ist dieselbe wie bei Platten und Stäben.

Die Hauptvorzüge der aus Kasein hergestellten Erzeugnisse sind: sehr bequeme Bearbeitbarkeit, vorzügliche Politurfähigkeit, vollkommene Feuerungefährlichkeit, geringes spez. Gewicht (1,31—1,80), hohe Elastizität und Festigkeit, gute Lichtbeständigkeit; Möglichkeit, jede gewünschte Farbtönung und Marmorierung herzustellen; bequeme Einfärbung und Beprägung. Die Bearbeitung erfolgt wie bei Naturhorn mit denselben Werkzeugen und denselben Arbeitsgeschwindigkeiten. Die Bearbeitung ist einfacher und leichter, da Galalith nicht schmiert.

Benutzt werden Kaseinerzeugnisse als Austausch für Naturhorn, Büffelhorn, Bein, Schildpatt, Elfenbein, zur Herstellung von Perlen, Kugeln, Knöpfen, Bällen, Knebeln, Spielsteinen, Federhaltern, Klaviertasten, Kämmen, Toilettegegenständen, Untersätzen u. a.; in der Technik vorwiegend für die sog. Bananenstecker in der Schwachstromtechnik.

Lieferformen sind: Platten von 0,5—15 mm Stärke etwa 40 × 50 cm, Rohre und Profilstäbe bis 1 m Länge bei 3—25 mm Durchmesser. Die chemische Beständigkeit gegen Säuren und Alkalien ist gering, gegen schwache Basen besser. Die Wasserbeständigkeit bei kaltem Wasser ist befriedigend; bei heißem Wasser tritt unter Quellung eine rasche Zerstörung ein.

VI. Chemische Beständigkeit der Kunst- und Preßstoffe.

Außer sehr günstigen mechanischen und elektrischen Eigenschaften zeigen fast alle Kunst- und Preßstoffe gute chemische Beständigkeit. Für die Kunstharze und Schichtstoffe gibt DIN 7701 (s. Zahlentafel 17) dafür Richtwerte. Die Witterungsbeständigkeit der Kunstharze, der aus ihnen hergestellten Erzeugnisse wie Preßlinge, Schichtstoffe und Lacke und Leime ist ebenfalls gut. Der Hochglanz der Preßlinge leidet naturgemäß mit der Zeit, vor allem bei stark mit Ruß, Rauchgasen und Industriegasen verunreinigter Luft. Die Tropenbeständigkeit der Kunstharze und ihrer Erzeugnisse ist ebenfalls befriedigend. Die auf Zellulose, Kohlenwasserstoffen und Kasein aufgebauten Kunststoffe sind an feuchter Luft wenig beständig; ebenso ist ihre Ölbeständigkeit und ihre Alkalienfestigkeit häufig unbefriedigend und stark abhängig vom Aufbau. Bei der unendlich großen Mannigfaltigkeit des chemischen Angriffs lassen sich nur

Zahlentafel 23. Chemische Beständigkeit

Gattung		Öle (Schmier-, Treib- u. Transformatoröl)	Benzin	Benzol	Spiritus	Azeton	Wässer			
							gewöhnliche	destillierte	saure	alkalische
Preßlinge aus Phenolharz-Preßmassen der Typen 0, 1, 5, T . . .		+	+	+	+	+	+ / —[4]	+ / —[4]	+ / —[4]	+ / —[4]
Preßlinge aus Karbamidharz-Preßmassen der Type K		+	+	+	+	+	+	+	+	+
Schichtstoffe	Hartpapier auf Phenolharzgrundlage	+	+	+	+	+	+ / —[4]	+ / —[4]	+ / —[4]	+ / —[4]
	Hartgewebe auf Phenolharzgrundlage	+	+	+	+	+	+ / —[4]	+ / —[4]	+ / —[4]	+ / —[4]
	Platten auf Karbamidharzgrundlage . .	+	+	+	+	+	+	+	+	+
Zelluloid		+	+	+	+	+	+ / —[4]	+ / —[4]	+ / —[4]	+ / —[4]
Cellon, Cellit		+	+	+	+	+	+ / —[4]	+ / —[4]	+ / —[4]	+ / —[4]
Trolit W, Trolit B C		+	+	—	+	+	— / —[4]	— / —[4]	—	—
Vulkanfibre		—	—	—	—	—	+ / —[4]	+ / —[4]	+ / —[4]	+ / —[4]
Trolitul		+	—	—	+	+	+ / —[4]	+ / —[4]	+ / —[4]	+ / —[4]
Cellophan		+	+	+	+	+	—[7]	—[7]	—[7]	—[7]
Acrylharze		—	∓	+	—	+	—	—	—	—
Mipolam		+	+	—	+	—	—[4]	—[4]	—[4]	—[4]

In der Zahlen-

+ beständig; praktisch kein Angriff;
○ geringer Angriff;
— stärkerer Angriff; beginnende Zerstörung;
= stärkster Angriff; vollkommene Zerstörung.
[1] bei längerer Einwirkung;
[2] bei Konzentration bis 10% und Zimmertemperatur;

von Fall zu Fall durch gründliche Dauerversuche — betriebsmäßig durchgeführt — einwandfreie Werte festlegen. Die in Zahlentafel 23 aufgeführten Werte sind als Richtwerte zu betrachten. Sie stützen sich auf fremde und eigene Versuche.

VII. Die Anwendungsgebiete der Kunst- und Preßstoffe.

Die Anwendungsgebiete der Kunst- und Preßstoffe sind heute bereits unendlich vielseitig und vielartig, immer noch viel zu wenig erkannt und noch von Kunst- und Preßstoffen.

Seifenlösungen	Fruchtsäuren	Fettsäuren	Salpetersäure	Schwefelsäure	Salzsäure	Ameisensäure	Natronlauge	Kalilauge	Ammoniak	Sodalösungen	Kalkwässer
+	+[5]	+[5]	+[5]	+[5]	○[1]	+					
—	—[6]	—[6]	—[6]	—[6]	—[6]	—[6]	=	=	+	+	+
+	+	+	○[1]	○[1]	○[1]	+	○[1]	○[1]	+	+	+
							— =[3])	— =[3]			
+	+[5]	+[5]	+[5]	+[5]	○	+					
—	—[6]	—[6]	—[6]	—[6]	—[6]	—[6]	=	=	+	+	+
+	+[5]	+[5]	+[5]	+[5]	○	+					
—[4]	—[6]	—[6]	—[6]	—[6]	—[6]	—[6]	=	=	+	+	+
+	+	+	○[1]	○[1]	○[1]	+	○	○			
							— =[3]	— =[3]	+	+	+
+	+	+	+	+	+	+					
—[4]	—[3]	—[3]	—[3]	—[3]	—[3]	—[3]	=	=	+		+
—	+	+	—	—	—	+					
	—[3]	—[3]				—[3]	=	=	—	+	+
+	+	+	○[1]	○[1]	○[1]	○[1]					
			—[6]	—[6]	—[6]	—[6]	=	=	+	+	+
+	+	+	+	+	+	+			+	+	+
		—[3]	—[3]	—[3]	—[3]	—[3]	=	=	—	—	—
+	+	+	+	+	+	+					
		—[3]	—[3]	—[3]	—[3]	—[3]	=	=	+	+	+
—[7]	—[7]	+	+	+	+	+			—		
		—[3]	—[3]	—[3]	—[3]	—[3]	=[3]	=	—	—[7]	—[7]
—	+	+	—	—	—	—	=	=		—	—
+	+	+[5]	+[5]	+[5]	+[5]	+[5]	—	—	—	—	+

tafel bedeutet:

[3] bei höherer Konzentration und höherer Temperatur;
[4] bei heißem Wasser unbeständig;
[5] nur bei verdünnten Säuren;
[6] bei konzentrierter Säure;
[7] quillt auf und reißt.

bei weitem nicht ausgeschöpft. Zu den ursprünglichen Anwendungsgebieten der Kunst- und Preßstoffe in der Elektrotechnik sind in den letzten Jahren als wichtige neue Anwendungsgebiete hinzugekommen:

Maschinenbau: Schichtstoffe für Zahnräder, Schrauben, Unterlegplatten, Lager, als Stanzstoffe und Verbundplatten; Preßlinge an Stelle von Metallteilen, korrosionsbeständige Lacke, vergütetes Holz, Sicherheitsgläser, Nitrolacke und

Cellonlacke, Folien, Rohre und Armaturen aus Mipolam, Stabol, Dichtungen aus Mipolam und Stabol.

Elektrotechnik: Preßlinge aller Art und Größe aus Kunstharzen und thermoplastischen Massen; Schichtstoffe als Platten, Rohre, Formrohre, Formstücke und als Stanzstoff; Kunstharzlager; Zahnräder, Unterlegscheiben und Schrauben aus Schichtstoffen; Kunstharzlacke als Isolierlacke für Wicklungen, Drähte u. a. Folien aus Trolitul; Kaseinpreßlinge; Nitro- und Cellonlacke, Isolierungen aus Mipolam, Plexigum, Stabol.

Apparatebau: Preßlinge jeder Form als Gehäuse und Apparateteile, Schichtstoffe als Platten, Rohre, Stanzstoff, Verbundplatten; korrosionsbeständige Lacke, Nitro- und Cellonlacke; vergütetes Holz, Teile aus thermoplastischen Massen; Folien.

Chemische Industrie: Schichtstoffe als Auskleidung für Wannen, korrosionsbeständige Lacke, Preßlinge, stranggepreßte Profile und Rohre, Folien aus thermoplastischen Massen, Rohre und Armaturen aus Mipolam. Isolierungen aus Stabol, Mipolam, Plexigum, Haveg, Phenytal.

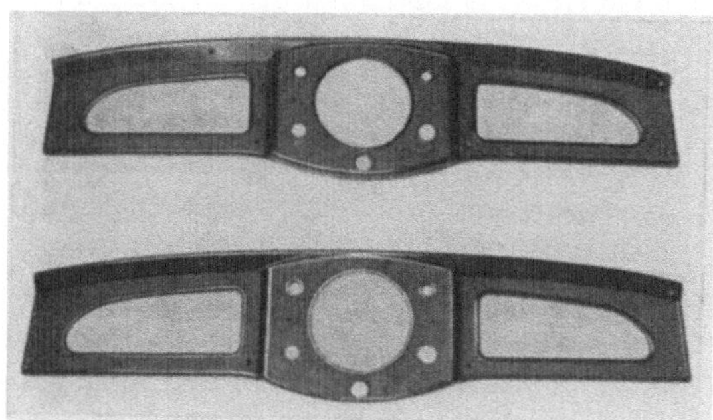

Abb. 69. Apparatetafeln für Kraftwagen aus Bakelite-Schnellpreßmasse. (Bakelite G. m. b. H., Erkner.)

Flugzeugbau: Schichtstoffe für Kabinenverkleidung, Kunstharzleime, Kunstharzlacke, vergütetes Holz, Hartholz, Sicherheitsgläser, Folien, Preßlinge aus Kunstharz und thermoplastischen Massen.

Baugewerbe: Schichtstoffplatten, Kunstharzleime, Kunstharzlacke, Verbundplatten, Preßlinge aus Kunstharz und thermoplastischen Massen, Mipolamrohre, Stabol.

Möbelindustrie: Schichtstoffplatten, Möbelbeschläge aus thermoplastischen Massen, Preßlinge aus Phenol- und Karbamidharzen und thermoplastischen Massen; Kunstharzlacke, Kunstharzleime.

Haushalts- und Verbrauchsgütertechnik: Karbamidharz-Preßlinge als Ersatz für Porzellan, für Geschirre, Tabletts, Becher, Dosen, Löffel; thermoplastische Massen als Austausch für Metalle, z. B. Tubenverschlüsse, Knöpfe, Schnallen, Löffel, Dosen; Zellophan-Folien als Packmaterial, Zellophandärme, Folien aus Trolitul, Sicherheitsgläser; Kaseinpreßlinge als Austausch für echtes Horn, Schildpatt, Elfenbein für Löffel, Knöpfe, Schnallen, Füllbleistifte u. a. Dosen, Verpackungen.

Wagen-, Schiff- und Autobau: Schichtstoffe als Verbundplatten zum Auskleiden des Wagenaufbaus und der Schiffskabinen; vergütetes Holz, Sicherheitsgläser zu Wagenraumauskleidungen; Kunstharzlacke, Kunstharzleime, Nitrolacke, Cellonlacke; Preßlinge aus Kunstharz und thermoplastischen Massen, kaschierte Folien.

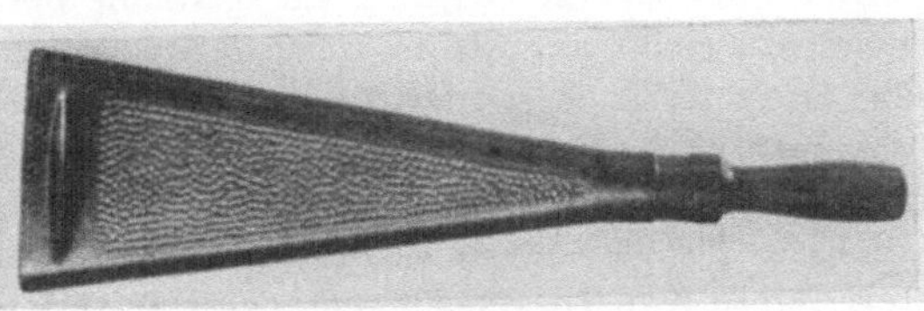

Abb. 70. Mundstück für einen Schaumlöscher aus Phenolharz-Schnellpreßmasse.
(H. Römmler A.-G., Spremberg.)

Schmuckindustrie: Preßlinge und Gießlinge aus Phenolharzen bzw. Kresolharzen, Preßlinge aus Karbamidharzen und thermoplastischen Massen, Kaseinpreßlinge. Die Abb. 69, 70 und 71 zeigen einige charakteristische Teile aus Kunstharzen und Schichtstoffen.

Medizinische Geräte: Dosen, Behälter, chirurgische Apparateteile aus thermoplastischen Massen.

Es darf ohne Übertreibung gesagt werden, daß es kein Teil gibt, daß nicht entweder direkt aus einem Kunst- oder Preßstoff hergestellt werden oder unter Verwendung bzw. Mitbenutzung von Kunst- oder Preßstoffen hergestellt werden könnte. Bei gründlichem Nachdenken finden Gestalter und Erzeuger immer neue Anwendungsmöglichkeiten. Dazu kommt noch, daß ununterbrochen an der Vervollkommnung der Kunst- und Preßstoffe gearbeitet wird, so daß ihr Anwendungsbereich sich von selbst erweitern wird.

Abb. 71. Gewickelte Hartpapier-Rohre für einen Prüftransformator von 600 000 V und 300 kVA.
(Meirowski & Co., Porz.)

VIII. Lacke, Leime und Kitte aus Kunststoffen.

a) Aus Kunstharzen.

Die in gewöhnlichem denaturierten Spiritus gelösten A-Phenole bzw. Kresolharze liefern hochwertige Lacke: die Kunstharzlacke. Diese besitzen hohe Oberflächenhärte und gute Korrosionsbeständigkeit. Ihre Bestwerte erreichen sie durch Einbrennen bzw. Härten bei 120—140° während 2—6 Stunden. Sie werden entweder naturfarbig (hellgelb bis bernsteinfarbig) oder entsprechend eingefärbt geliefert. Als Isolationslacke spielen sie in der Elektrotechnik eine sehr große Rolle. Besonders dickflüssige Kunstharzlacke bzw. flüssiges Phenol- bzw. Kresolharz werden wie Emaillen verarbeitet. Außerdem dienen sie als Kitte für Pinselböden und Bürsten und als Bindemittel für Schleifscheiben. Die Bindung mit Kunstharz ist besser als die Bindung mit Gummi. Mit Kieselsäure als Füllstoff liefern Kunstharzlösungen hochwertige Isolationsmittel für Rohrleitungen:

Hostalit: mit dieser Lösung getränkte Zellulosebinden bzw. Baumwollbinden; Phenytal für Innenauskleidung von Rohren. Ferner ergeben Kunstharzlösungen das Haveg-Material, einen hochsäurefesten Auskleidungsstoff für chemische Geräte; die Härtung erfolgt hierbei durch Säure bei niederer Temperatur als sonst bei Phenolharz üblich.

Phenol- bzw. Kresolharze werden zu Kunstharzleimen verarbeitet, die bei 140° gehärtet mit besonderem Härtemittel sehr feste, wasser- und schimmelsichere Verbindungen ergeben. Über Tego-Film-Verleimung s. Vergütetes Holz. Die Karbamidharze liefern die Kaurit-Leime, die als Kalt- und Warmleime mit einem besonderen Zusatz (Härter) ebenfalls hochfeste, wasser- und schimmelfreie Verbindungen ergeben.

Ferner liefern Phenol- bzw. Kresolharze Kitte von sehr großer Klebkraft und Haftfestigkeit. Diese werden benutzt zur Verbindung von Kunstharzteilen und Schichtstoffen untereinander und zur Verbindung mit anderen Werkstoffen. Die Verbindung hat die gleichen Eigenschaften wie bei den Kunstharzleimen. In Verbindung mit anorganischen Füllstoffen entstehen die säure- und laugenbeständigen Massen „Asplitt und Asplitt a", die wie Haveg eine sehr große Bedeutung für die chemische Industrie haben.

b) Aus Zellulosen.

Mit Lösungsmitteln, z. B. Butylazetat, Essigäther, Amylazetat, Butanol, Trikresylphosphat u. a. mit Farbstoffen, Verdünnungs- und Weichmachungsmitteln ergeben die Nitrozellulose und die Azetylzellulose hochwertige Lacke: die Nitrolacke und Cellonlacke. Ferner liefert die Benzylzellulose Lacke, die sich durch ganz besonders gute Korrosionsbeständigkeit auszeichnen. Alle Lacke zeichnen sich ferner durch gute Haftfestigkeit, hohe Härte, Farbschönheit, Licht- und Korrosionsbeständigkeit aus. Sie werden teils allein, teils als Verschnittlacke benutzt.

c) Aus Kohlenwasserstoffen.

Die Polyvinyl- und Polyacryl-Polymerisate bzw. die Mischpolymerisate lassen sich ebenfalls zu Lacken verarbeiten. Diese zeichnen sich wie die Zelluloselacke durch besonders gute Haftfestigkeit, Licht- und Korrosionsbeständigkeit aus. Sie werden rein, gemischt untereinander und als Verschnittlack benutzt.

Alle aus Kunststoffen hergestellten Lacke sind besonders bemerkenswert, da sie als durchaus vollwertiger Austausch für Lacke aus devisenpflichtigen Rohstoffen, z. B. Holzöl, benutzt werden können.

D. Vergütetes und veredeltes Holz.

Hölzer sind neben Steinen die ältesten Baustoffe des Menschen. Die Verarbeitungstechnik des Holzes, die Holzpflege, die Holzwirtschaft gehören zu den Grundproblemen der Technik und Wirtschaft. Deutschland muß bei seinen knappen Rohstoffvorräten sich die Holzwirtschaft besonders angelegen sein lassen. Der jährliche Holzentfall der deutschen Waldungen von etwa 55000000 fm — etwa 50% Brennholz und etwa 50% Nutzholz — deckt den deutschen Brennholzbedarf zu 100%, den deutschen Nutzholzbedarf bisher zu etwa 70%.

Holz (Nutzholz) als organischer Werkstoff hat neben seinen vielen Vorzügen die Hauptnachteile: beschränkte Lebensdauer, Wasserempfindlichkeit, Riß-, Verzieh- und Schwindungsgefahr, leichte Entflammbarkeit, stark wechselnde Festigkeitseigenschaften je nach Faserrichtung und große Anfälligkeit gegen Insektenfraß. Seit langem ist man bemüht, diese Nachteile durch verschiedene Verfahren zu mindern bzw. auszuschalten, um den Anwendungsbereich und die Lebensdauer des Holzes zu erhöhen und den Holzbedarf zu vermindern.

Die Phenol- bzw. Kresolharze spielen heute bei der Holzvergütung eine sehr große Rolle. Die zuerst durchgeführte Tränkung voller, gut vorgetrockneter Holzteile mit gelöstem Phenolharz unter einem Druck von 8 atü mit nachfolgender Erhitzung während mehrerer Stunden auf 100° unter dem gleichen Druck und der Schlußhärtung bei 120—130° während 6 Stunden bei 8 atü befriedigten nicht. Die so behandelten Holzteile besaßen wohl eine beträchtlich höhere Feuchtigkeitsbeständigkeit, ein größeres spezifisches Gewicht und eine höhere Druckfestigkeit längs und quer zur Faserrichtung, machten aber bei der Tränkung vor allem bei größeren Teilen sehr große Schwierigkeiten und neigten auch bei sorgfältiger Durchführung infolge der unvermeidlichen Ungleichmäßigkeit der Durchtränkung zu Formänderungen (Risse und Verwerfungen). Die Tränkung dünner Holzplatten (Furniere) mit gelöstem Phenolharz mit nachfolgendem Heißpressen in Furnierpressen ergab ganz bedeutend bessere Werte. Die Durchtränkung dieser dünnen Holzplatten erfolgte ohne Schwierigkeiten durchaus gleichmäßig; die Verbindung der einzelnen Holzlagen war durchaus zuverlässig, da beim Verpressen das Kunstharz schmilzt, das Holz vollkommen durchtränkt und beim Härten die einzelnen Holzlagen sehr fest verbindet.

Besonders dünne Furniere ergeben entsprechend durchtränkt und verpreßt das Hartholz oder Lignofol. Dieses hat neben vollkommener Feuchtigkeits- und Formbeständigkeit hervorragende Festigkeitseigenschaften: Zugfestigkeit 2250 kg/cm², Druckfestigkeit 1750 kg/cm², Biegefestigkeit 3500 kg/cm², Elastizitätsmodul 300000 kg/cm_2. Die Erhöhung des spezifischen Gewichts um etwa 50% wird für viele Fälle angenehm sein. Doch hatte dieses Holz ebenso wie das vorerwähnte zunächst den großen Nachteil, daß einwandfreie Leimverbindungen nicht möglich waren, da infolge der Tränkung des Holzes keine Verankerungsmöglichkeit des Leimes mehr bestand. Es gelang, auch diesen Nachteil durch besondere Kunstharzleime zu beheben (s. Kunstharzleime).

Eine durchaus befriedigende Lösung der Holzvergütung brachte die Verleimung durch Tego-Filme. Tego-Filme sind dünne Papierbahnen, die mit gelöstem Phenolharz getränkt und bei etwa 90° getrocknet sind und nicht mehr kleben. Die Breite beträgt normal 1,2 m, die Stärke 0,07 mm. Diese Tego-Filme werden zwischen die einzelnen Holzlagen gelegt (einfach oder doppelt) und mit ihnen in geheizten Pressen zu einer Platte verpreßt. Die Hölzer müssen gleichmäßig stark sein, eine glatte Oberfläche besitzen und sachgemäß getrocknet sein. Bei Mittellagen starker Schichtplatten soll die Feuchtigkeit 6—8%, bei Absperr- und Deckfurnieren 8—12% betragen. Die Preßtemperatur beträgt 130—135°, sie muß genau eingehalten werden. Der Preßdruck ist von der Holzart abhängig und beträgt 6—25 kg/cm². Maßgebend für den Preßdruck ist das weichste Holz der Deckplatte. Die Preßzeit ist abhängig von der Stärke der Furniere. Sie beträgt 5—9 Minuten. Gepreßt wird zwischen Aluminiumzulageblechen. Das Beschicken der Presse soll schnellstens erfolgen. Durch diese Tegofilm-Verleimung werden beträchtliche Gütesteigerungen erzielt. Die Zugfestigkeit in der Faserrichtung bleibt dieselbe; quer zur Faserrichtung steigt sie im Mittel um 200%. Die Druckfestigkeit steigt um 65—125% in der Faserrichtung und um 400—500% quer zur Faserrichtung. Um die gleichen Beträge steigt die Biegefestigkeit. Abgesehen von der beachtlichen Festigkeitssteigerung wird auch eine sehr bedeutende Erhöhung der Feuchtigkeitsbeständigkeit erreicht. Die so hergestellten Platten sind vollkommen wasserfest, wetterfest, schimmelsicher und tropenfest.

Nach dem letzten Verfahren lassen sich nicht nur Sperrholzplatten aus verschiedenen Holzsorten herstellen, sondern auch Schichtplatten aus Furnieren gleicher Holzart. Die so hergestellten Platten finden im Flugzeugbau, im Wagenbau, in der Möbel- und Sperrholzindustrie weitgehendst Verwendung.

Nach einem neuen Verfahren ist es möglich, die Platten matt bis hochglänzend zu pressen. Dadurch ist der Anwendungsbereich der Platten bedeutend erweitert worden.

Mit den Tego-Filmen können auch bei gewöhnlichen Hölzern Leimverbindungen geschaffen werden, die unter der Voraussetzung guten lufttrockenen

Holzes und glatter Verbindungsfläche Leimverbindungen von guter Festigkeit ergeben, die wasserfest, schimmelsicher, quellsicher und tropenfest sind. Ein Verziehen kann nicht mehr eintreten, weil gewissermaßen ein trockener Leim ohne irgendwelches Wasser benutzt wird. Gerade durch das Verleimen wird ja das vorher sorgfältig getrocknete Holz wieder feucht. Das Nachtrocknen ist umständlich und führt zwangläufig zu Verwerfungen.

E. Gummi.

Gummi ist ein sehr vielseitiger Werkstoff, der wegen seiner vielen Vorzüge und z. T. unersetzbaren Eigenschaften in der Technik viel benutzt wird. In Verbindung mit Metallen liefert er als „Schwingmetall“ dem Konstrukteur einen neuen idealen Werkstoff zur geräusch- und schwingungsdämpfenden Lagerung und Abfederung von Maschinen (Abb. 72) und Motoren, für Kupplungen (Abb. 73), für Gelenke und für Rohrverbindungen. Bei den drei letztgenannten Anwendungsgebieten ist besonders der hohe Verdrehungswinkel wichtig. Die

Abb. 72. Schwingungsdämpfende Auflagerung einer Bootsmaschine auf Schwingmetall. (Continental Caoutchouc Co., G. m. b. H., Hannover.)

Haftfestigkeit zwischen dem Gummiblock und den zur Befestigung notwendigen Metalleinlagen ist so groß, daß bei Überbeanspruchungen eher der Gummi zerstört als von seiner Unterlage abgerissen wird. Außer als Schwingmetall findet Gummi als Konstruktionselement für Gummiwellenlager Verwendung, die sich durch geringe Lagerreibungsverluste, lange Lebensdauer und sehr

73a I

73a II

Abb. 73 a. Kupplungstype.

Abb. 73 b. Kupplung in einen Wellenstrang eingebaut.
Abb. 73 a und b von der Continentalen Caoutchouc Co., G. m. b. H., Hannover.

ruhigen Lauf auszeichnen und demzufolge vielseitige Anwendungsgebiete gefunden haben (Abb. 74). Gummi wird ferner zur Herstellung von Flach- und Keilriemen, Förderbändern, Verschleißplatten, Bindemitteln für Schleifscheiben, Schläuchen, Gummikleidungen (Schürzen, Anzügen, Stiefeln, Handschuhen usw. benutzt. Infolge seiner hervorragenden chemischen Beständigkeit dient er zum Auskleiden von Rohrleitungen, Behältern, Maschinen in der chemischen

Großindustrie, zum Belegen von Blechen (Durabilit-Belege), Eisengittern, Eisenkonstruktionen. Große Teile, deren Abtransport zum Gummiwerk nicht möglich ist, können nach einem besonderen Verfahren an Ort und Stelle ohne Ausbau mit Schutzüberzügen aus Gummi versehen werden. In der Form des Chlor-Kautschuks — Latex mit Chlorzusatz — wird er zum Auskleiden von Geräten aller Art benutzt. Seine hervorragende Isolationsfähigkeit macht ihn zum unentbehrlichen Baustoff für die Elektrotechnik. Auf diesem Gebiete hat er einen starken Nebenbuhler in den Kunst- und Preßstoffen erhalten. Im Zeitalter der Motorisierung spielt Gummi als Radbewehrung eine ganz besondere Rolle. Hartgummi ist heute noch für viele Zwecke unentbehrlich. Nach einem neueren Verfahren kann Hartgummi durch gewisse Zusätze, ohne an Säurefestigkeit einzubüßen, aus einem Isolationswerkstoff zum Leitwerkstoff umgewandelt werden. Für die Medizin findet Gummi in fast unendlich vielen Formen Verwendung und ist dort unersetzlich.

Abb. 73 c. Kupplung Type SK für direkte Kupplung einer Kraftmaschine mit einem Getriebe.

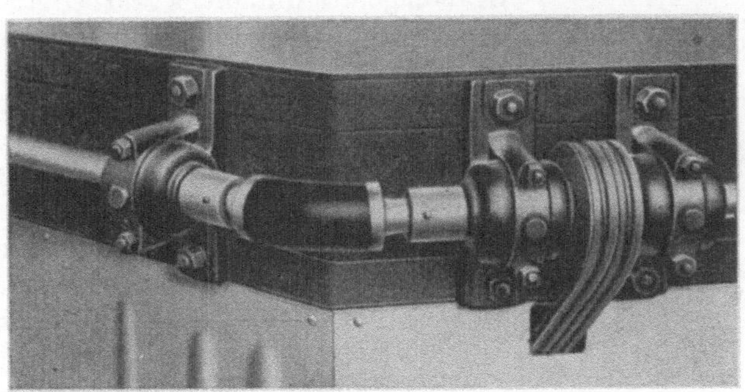

Abb. 73 d. Schwingmetall-Gelenk.
Abb. 73 c und d von der Continentalen Caoutchouc Co., G. m. b. H., Hannover.

Seinem Aufbau entsprechend hat der Naturgummi nur eine beschränkte

Hitzebeständigkeit, eine sehr geringe Öl- und Fettbeständigkeit und eine große Empfindlichkeit gegen Sauerstoff, so daß ihm gewisse Anwendungsgebiete verschlossen bleiben mußten, z. B. Förderung ölhaltiger Stoffe mit Gummiförderbändern, Ölpumpen, Schlauchkabel u.a. Alle Versuche, diesen Mängeln abzuhelfen, hatten keine befriedigenden Erfolge. Seit längerer Zeit war deshalb die Chemie beschäftigt, einen synthetischen Kautschuk zu schaffen, der alle Vorzüge des Naturkautschuks ohne seine Nachteile hatte. Der im Kriege aus Dimethylbutadien hergestellte Methylkautschuk bewährte sich am besten zur Herstellung von Hartgummi; als Weichgummi war er in bezug auf Elastizität und Kerbzähigkeit dem Naturkautschuk bedeutend unterlegen. Da Deutschland bei einem jährlichen Bedarf von rd. 65000 t Kautschuk vollkommen auslandsabhängig ist, war für Deutschland die Schaffung eines in jeder Beziehung einwandfreien synthetischen Kautschuks von ganz besonderer Bedeutung. Seit 1926 hat die deutsche Wissenschaft planmäßig an der Entwicklung des synthetischen Kautschuks auf der Grundlage des Butadiens gearbeitet. 1934/35 gelang es, auf dieser Grundlage synthetischen Kautschuk im großen fabrikmäßig herzustellen: den Buna N und Buna S als Emulsions-Polymerisate und den Buna 85 und Buna 115 als Polymerisate mit Natrium. Damit waren synthetische Kautschuksorten geschaffen mit bedeutend besseren Eigenschaften als die des Naturkautschuks und als Werkstoffe, die aus deutschen Rohstoffen — Kohle und Kalk — bei Erstellung der erforderlichen Anlagen jederzeit in den benötigten Mengen in Deutschland hergestellt werden können. Die Haupteigenschaften der vier Arten des synthetischen Gummi sind:

Abb. 74 a. Gummi-Wellenlager mit Spiralnuten und Flansch.

Abb. 74 b. Blocklager (Stablager in einem Stevenrohr).

Abb. 74 c. Einbaustäbe für das Blocklager nach Abb. 74 b.
Abb. 74 a—c von der Continentalen Caoutchouc Co., G. m. b. H., Hannover.

Buna N: ölbeständig, benzinbeständig; bedeutend geringere Abnutzung (rd. 60%) als Naturkautschuk; hitzebeständig wie Naturkautschuk; geringere elektrische Eigenschaften; alterungsbeständiger; geringere Gasdurchlässigkeit als Naturkautschuk.

Buna S: hitzebeständiger als Naturkautschuk; geringere Abnutzung (rd. 20%) als Naturkautschuk; Öl- und Benzinbeständigkeit wie bei Naturkautschuk; alterungsbeständiger.

Buna 85: Öl- und Benzinbeständigkeit und Hitzebeständigkeit wie bei Naturkautschuk; bessere elektrische Eigenschaften als Naturkautschuk; alterungsbeständiger; als Hartgummi ganz bedeutend quellbeständiger als Hartgummi aus Naturkautschuk.

Buna 115: Öl- und Benzinbeständigkeit und Hitzebeständigkeit wie bei Naturkautschuk; bessere elektrische Eigenschaften als Hartgummi; ganz bedeutend quellbeständiger als Hartgummi aus Naturkautschuk.

Durch Mischungen der einzelnen synthetischen Gummisorten mit besonderen Zusätzen lassen sich Gummisorten mit bedeutend besseren Eigenschaften als Naturkautschuk herstellen. Die besseren Eigenschaften der synthetischen Gummisorten haben Anwendungsgebiete erschlossen, die für Naturgummi bisher nicht in Frage kommen konnten. Es besteht kein Zweifel, daß alle noch schwebenden Fragen zufriedenstellend gelöst werden.

F. Neue keramische Werkstoffe.

a) Gläser.

Glas ist wegen seiner hervorragenden Korrosionsbeständigkeit und seiner guten Verarbeitbarkeit für viele Zwecke ein unersetzbarer Werkstoff. Neuartige

Abb. 75. Glas als Baustoff für Bierdruckleitungen. Osram G. m. b. H., Berlin.

Gläser, z. B. Nr. 424 der Osram-GmbH., können mit bestem Erfolg für Bierdruckleitungen an Stelle von Zinnrohren benutzt werden (Abb. 75). Die Frage der Verbindungen der einzelnen Rohrteile ist in sehr geschickter Weise durch selbstdichtende Schraubmuffen gelöst, so daß bei vollkommener Dichtigkeit ein einwandfreier und spannungsfreier Zusammenbau möglich ist. Die hohe Korrosionsbeständigkeit des Glases erlaubt Kühlschlangen für Kühlschränke und Gefrieranlagen daraus herzustellen, die bei richtigem Einbau bruchsicher sind.

Abb. 76. Gegenstände aus Rotosil. (HERÄUS, Hanau.)

Die seit längerer Zeit von HERÄUS hergestellten Quarzgläser sind durch die neue Gattungen Rotosil und Homosil bedeutend verbessert worden. Beide Glassorten bestehen aus chemisch reiner Kieselsäure, besitzen eine sehr hohe Erweichungstemperatur, große Unempfindlichkeit gegen schroffen Temperaturwechsel, ausgezeichnete Isolationsfähigkeit mit besonders geringem dielektrischen Verlust. Außerdem besitzt Homosil eine sehr hohe Durchlässigkeit für ultraviolettes Licht. Der hochwertigste Werkstoff ist Homosil; Quarzglas ist der normale Werkstoff für Laboratoriumsgeräte und Rotosil der Werkstoff für Großapparate der chemischen Industrie. Nach einem besonderen Herstellungsverfahren (Schleuderverfahren) ist auch die Formung großer Gegenstände einwandfrei möglich. Die Verbindungsarbeiten für Apparaturen können in der für Glas üblichen Weise ohne Schwierigkeit vorgenommen werden. Einige charakteristische Teile zeigt Abb. 76.

b) Glaswatte.

Schmelzflüssiger Glasschrot wird bei 1400° mit einer Schleudervorrichtung, die mit 4000 Umdrehungen je Minute läuft, zu außerordentlich feinen biegsamen

Fäden umgewandelt. Diese entfallen bei Abkühlung als feinfädigstes, watteähnliches Gespinst. Die so erzeugte Glaswatte, deren Gewicht lose geschichtet nur 20 kg/m³, gepreßt 100 kg/m³ beträgt, ist wegen der in ihr enthaltenen Luft — rd. 960 l Luft je m³ Glaswatte — ein ganz hervorragender Wärme- und Kälteisolator. Als Glaswatte hat sie die sehr günstige Wärmeleitzahl von 0,028. Ihr Isolationswert ist 20mal so groß wie der einer gleichstarken Ziegelmauer, 3½mal so groß wie bei Asbest und 2mal so groß wie bei Kieselgur. Dabei

Abb. 77. Isolierung mit Glaswatte an einer Heißluftleitung. (Glaswatte G. m. b. H., Bergisch-Gladbach.)

beträgt ihr Gewicht nur 5—10% der vorerwähnten Stoffe. Geliefert wird sie in loser Form für Stopfisolierungen, als Matte, Streifen, abgepaßte Formstücke, Schnüre, einseitig aufgeschlitzte Schalen. Sie ist demzufolge allen Verwendungszwecken sehr günstig angepaßt. Auch bei sehr starker äußerer Beanspruchung findet keine Strukturänderung statt und damit keine Änderung des Isolationswertes. Sie findet in den vorgenannten Formen für Wärme- und Kälteisolationen weitgehendst Anwendung (Abb. 77). Da sie außerdem stark schallschluckend — bei 3—4 cm Stärke ist ein Schallschluckgrad von 70% vorhanden — und stark feuerhemmend wirkt, spielt sie im Baugewerbe eine große Rolle (Abb. 78a, b). Daneben besitzt sie noch eine sehr gute Filterfähigkeit für Säuren, Laugen, verunreinigte Luft und verunreinigte Gase.

c) Porzellan.

Porzellan ist wegen seiner hohen Lebensdauer, seiner sehr großen Korrosionsbeständigkeit und seiner vollkommenen Keimfreiheit für die allgemeine

Technik ein hochwertiger Baustoff. Sein sehr hoher Isolationswert macht es für die Elektrotechnik zum unentbehrlichen Baustoff. In planmäßiger Arbeit

Abb. 78 a. Zusätzliche Dachisolierung mit Glaswatte.

Abb. 78 b. Isolierung einer Hauswand mit Glaswatte-Matten.
Abb. 78 a und b von der Glaswatte G. m. b. H., Bergisch-Gladbach.

wurden die dem Porzellan anhaftenden Mängel, z.B. große Sprödigkeit, beseitigt. Wie Glas, läßt sich auch Porzellan zu Rohren verarbeiten, die durch eine geschickte Verbindung (Abb. 79) weitgehendst dem Verwendungszweck angepaßt werden können und wie Glas als Ersatz für Metallrohre in der Installation benutzt werden. Im Brunnenbau ist das Porzellanrippenfilter und die Filterdüse wegen ihrer sehr großen Lebensdauer, vollkommenen Keimfreiheit und Korrosionsbeständigkeit allen anderen Werkstoffen überlegen (Abb. 80). Durch besonders sorgfältige Mischung der Massen und besonders sorgfältige Brenntechnik werden heute Isolatoren von sehr hoher Durchschlagfestigkeit und Bruchfestigkeit bis zu den größten Abmessungen hergestellt (Abb. 81).

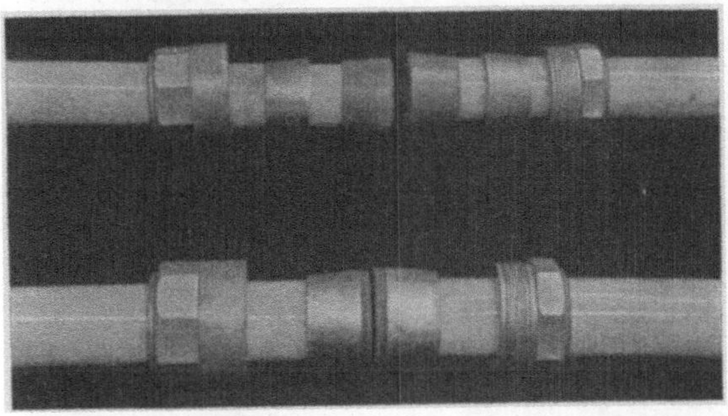

Abb. 79. Rohr-Schraubverbindungen für Porzellanrohre. Bauart Rosenthal A.-G., Berlin.

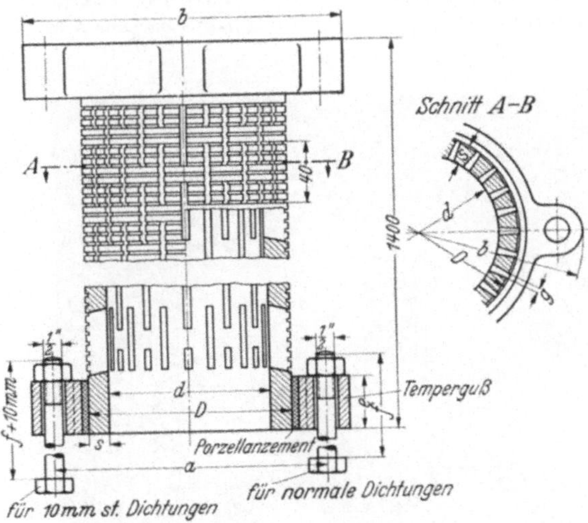

Abb. 80. Filterrohr für Brunnen aus Porzellan. Bauart Jaeckel von der Rosenthal A.-G., Berlin.

Abb. 81. Mehrrohrdurchführung für Außenraum; 60 kV aus Hartporzellan. (Rosenthal-Isolatoren G. m. b. H., Berlin.)

Abb. 82. Kurzwellenspule auf Frequenta-Körper (Hermö), Wellenschalter mit Frequenta-Grundplatte (Hermö), Kurzwellen-Drehkondensator mit Frequenta-Isolation (Hermö). (Steatit-Magnesia A.-G., Berlin.)

Abb. 83. Große Durchführung für Hochfrequenzanlagen aus Steatit. (Steatit-Magnesia A.-G., Berlin.)

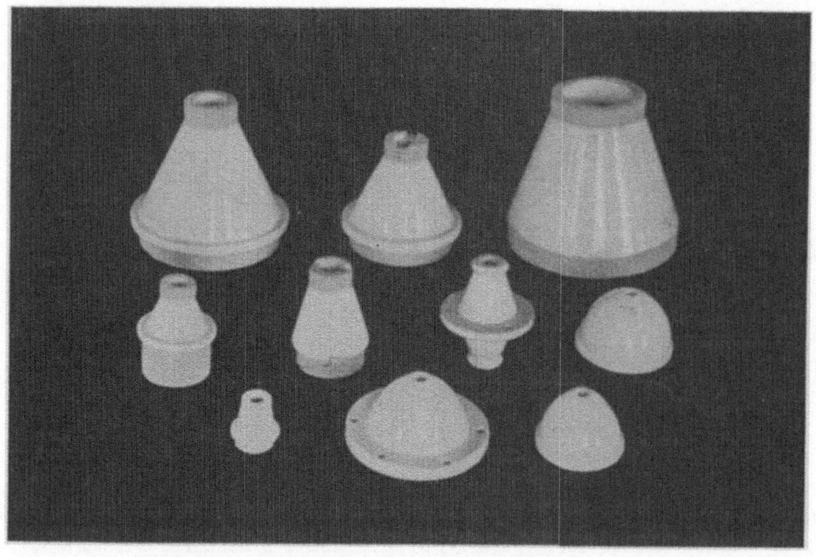

Abb. 84. Einzelteile aus Steatit. (Steatit-Magnesia A.-G., Berlin.)

d) Erzeugnisse aus Speckstein und Magnesit.

Auf der Grundlage von Speckstein und Magnesit hat die Steatit-Magnesia-A.-G. hochwertige Isolierstoffe geschaffen. So Steatit weiß und braun für die Niederspannungsisolatoren, für den Schalter- und Sicherungsbau; Frequenta als hochwertigen Sonderbaustoff mit besonders geringer Wärmeausdehnung für die Hochfrequenztechnik; Sipa als temperaturwechselbeständigen Isolierstoff für Funkenlöschkammern und Kerafar in bedeutend verbesserter Form als Baustoff für Kondensatoren. Die Form- und Brenntechnik ist so vervollkommnet worden, daß jede gewünschte Form und Größe hergestellt werden kann (Abb. 82, 83 u. 84). Die Versuche, Gläser mit den vorgenannten Werkstoffen zu vereinigen, haben gute Erfolge gezeitigt. Es darf von diesem Verbundwerkstoff für die Apparatetechnik und Elektrotechnik noch sehr viel erwartet werden.

Schlußwort.

Schwer ist der Kampf des deutschen Menschen um die deutsche Erde und um die Anerkennung seines Wirkens. Besonders schwer ist der Kampf der deutschen Technik um ihre Weltgeltung und Weltstellung. Von der Natur aus nicht mit genügend Rohstoffvorräten begabt, beschnitten noch in den Rohstoffgrundlagen durch den Versailler Vertrag, führt sie einen schweren Kampf um die Rohstoffreiheit. Unablässig sinnt der deutsche Ingenieur auf neue Werkstoffe, auf neue Verfahren der Gestaltung, der Bearbeitung und der Verarbeitung, um den Weg zur Rohstoffreiheit zu finden. Alle Kräfte der schaffenden deutschen Ingenieure sind durch das Wort des Führers auf dem Reichsparteitag der Ehre 1936 noch einmal eindringlich auf dieses hohe und herrliche Ziel ausgerichtet worden. Wenn alle schaffenden Ingenieure im Sinne des Führers arbeiten, wird dieses Ziel bestimmt erreicht werden.

Quellennachweis.

Bücher:

Aluminium-Taschenbuch, 6. Auflage 1936. Alu-Zentrale, Berlin.

v. ZEERLEDER: Technologie des Aluminiums und seiner Legierungen, 1934. Akad. Verlagsgesellsch., Leipzig.

Werkstoffhandbuch Nichteisenmetalle. Berlin: VDI-Verlag 1936.

MELCHIOR: Aluminium. Berlin: VDI-Verlag 1929.

Schriftenreihe Aluminium, Bd.: Verwendung des Aluminiums in der chemischen und Nahrungsmittel-Industrie. Deutsche Ausgabe der Alu-Zentrale, Berlin.

MEHDORN: Kunstharzpreßstoffe. Berlin: VDI-Verlag 1935.

BRANDENBURGER: Herstellung und Verarbeitung von Kunstharz-Preßmassen. München: Lehmanns Verlag 1935. — 1937; Bd. I, II, III.

— Kunststoff-Auswahl. Leipzig: K. Jänicke Verlag 1937.

PABST: Kunststoff-Taschenbuch. Berlin: Verlag Physik 1937.

UHLMANN: Enzyklopädie d. techn. Chemie. Berlin-Wien.

Technische Berichte des Leipziger Meßamts. Berlin: VDI-Verlag 1936.

Bakelite-Handbuch. Berlin: Verlag Mann 1936.

Raschig-Handbuch. Eigenverlag d. Raschig & Co.

Zeitschriften:

Aluminium (Alu-Zentrale, Berlin).

— Techn. Zeitschrift für praktische Metallbearbeitung.

Maschinenbau und Betrieb.

Zeitschrift des Vereins Deutscher Ingenieure, Berlin.

Automobiltechnische Zeitschrift.

Leitblätter der Aluminium-Beratungsstelle, Berlin.

Leitblätter der Vereinigten Leichtmetallwerke, Hannover.

Leitblätter der Dürener Metallwerke, Düren.

Leitblätter und Sonderdrucke der I. G. Farbenindustrie, Abt. Elektronmetall, Bitterfeld

Sonderdrucke der Lurgi, Frankfurt a. Main.

Stahl und Eisen.

Gießereizeitung.

Elektrotechnische Zeitschrift.

Werkstatt und Betrieb.

Gummizeitung.

Fachzeitschrift Kautschuk.

Plastische Massen.

Kunststoffe.

Chemikerzeitung.

Sachverzeichnis.

Praktische Metallkunde. Schmelzen und Gießen, spanlose Formung, Wärmebehandlung. Von Professor Dr.-Ing. **G. Sachs,** Frankfurt a. M.

Erster Teil: **Schmelzen und Gießen.** Mit 323 Textabbildungen und 5 Tafeln. VIII, 272 Seiten. 1933. Gebunden RM 22.50

Zweiter Teil: **Spanlose Formung.** Mit 275 Textabbildungen. VIII, 238 Seiten. 1934. Gebunden RM 18.50

Dritter Teil: **Wärmebehandlung.** Mit einem Anhang: „Magnetische Eigenschaften" von Reg.-Rat Dr. A. Kussmann. Mit 217 Textabbildungen. V, 203 Seiten. 1935. Gebunden RM 17.—

Das Gießen von Messingblöcken. Von **R. Genders** und **G. L. Bailey.** Mit einer Einführung von Dr. H. Moore. Ins Deutsche übertragen von Dipl.-Ing. Hermann Engelhardt VDI, Wurzen, und Dipl.-Ing. Werner Engelhardt, Osnabrück. Mit 123 Textabbildungen. XII, 216 Seiten. 1936. RM 18.—; gebunden RM 19.80

Moderne Stahlgießerei für Unterricht und Praxis. Von Geh. Bergrat Professor Dr.-Ing. e. h. **Bernhard Osann,** Clausthal. Mit 216 Textabbildungen. VIII, 261 Seiten. 1936. Gebunden RM 26.70

Die praktische Werkstoffabnahme in der Metallindustrie. Von Dr. phil. **Ernst Damerow,** Vorsteher der Werkstoffprüfung der A. Borsig Maschinenbau-A.-G. Mit 280 Textabbildungen und 9 Tafeln. VI, 207 Seiten. 1935. RM 16.50; gebunden RM 18.—

Hilfsbuch für die praktische Werkstoffabnahme in der Metallindustrie. Von Dr. phil. **E. Damerow** und Dipl.-Ing. **A. Herr.** Mit 38 Abbildungen und 42 Zahlentafeln. IV, 80 Seiten. 1936. RM 9.60

Technische Oberflächenkunde. Feingestalt und Eigenschaften von Grenzflächen technischer Körper, insbesondere der Maschinenteile. Von Professor Dr.-Ing. Dr. med. h. c. **Gustav Schmaltz,** Inhaber der Maschinenfabrik Gebr. Schmaltz, Offenbach a. M. Mit 395 Abbildungen im Text und auf 32 Tafeln, einem Stereoskopbild und einer Ausschlagtafel. XVI, 286 Seiten. 1936. RM 43.50; gebunden RM 45.60

Fachwörterbuch der Metallurgie. (Eisen- und Metallhüttenkunde.) Von **Henry Freeman.**

Erster Teil: **Deutsch-Englisch.** 327 Seiten. 1933.

Zweiter Teil: **Englisch-Deutsch.** 347 Seiten. 1934.

Mit 750 alphabetisch geordneten technischen Umwandlungsfaktoren, 21 Zahlentafeln, einer mehrseitigen Zusammenstellung deutscher bzw. englischer Kurzzeichen technischer Größen und Einheiten, über 33 000 Stichwörtern mit rund 25 000 rein technischen Fachausdrücken. Jeder Teil gebunden RM 25.—